Nanotechnologie

T0175271

Prof. Dr. Uwe Hartmann studierte Physik an den Universitäten Münster, Gießen und Basel und war als Wissenschaftler längere Zeit am Forschungszentrum Jülich tätig. Seit 1993 ist er Professor für Experimentalphysik an der Universität des Saarlandes. Sein Forschungsgebiet ist die Nanostrukturphysik, die er auch in der Lehre maßgeblich vertritt. Prof. Hartmann ist Mitbegründer des größten europäischen Netzwerkes im Bereich Nanobiotechnologie, NanoBioNet e. V. 1998 wurde er für Entwicklungen in der Nanotechnologie mit dem Philip Morris Forschungspreis ausgezeichnet.

Uwe Hartmann

Nanotechnologie

Zuschriften und Kritik an:
Elsevier GmbH, Spektrum Akademischer Verlag, Dr. Andreas Rüdinger, Slevogtstraße 3–5,
69126 Heidelberg

Autor
Prof. Dr. Uwe Hartmann
Institut für Experimentalphysik
Universität des Saarlandes
66041 Saarbrücken

Wichtiger Hinweis für den Benutzer
Der Verlag und der Autor haben alle Sorgfalt walten lassen, um vollständige und akkurate Informationen in diesem Buch zu publizieren. Der Verlag übernimmt weder Garantie noch die juristische Verantwortung oder irgendeine Haftung für die Nutzung dieser Informationen, für deren Wirtschaftlichkeit oder fehlerfreie Funktion für einen bestimmten Zweck. Der Verlag übernimmt keine Gewähr dafür, dass die beschriebenen Verfahren, Programme usw. frei von Schutzrechten Dritter sind. Die Wiedergabe von Gebrauchsnamen, Handelsnamen, Warenbezeichnungen usw. in diesem Buch berechtigt auch ohne besondere Kennzeichnung nicht zu der Annahme, dass solche Namen im Sinne der Warenzeichen- und Markenschutz-Gesetzgebung als frei zu betrachten wären und daher von jedermann benutzt werden dürften. Der Verlag hat sich bemüht, sämtliche Rechteinhaber von Abbildungen zu ermitteln. Sollte dem Verlag gegenüber dennoch der Nachweis der Rechtsinhaberschaft geführt werden, wird das branchenübliche Honorar gezahlt.

Bibliografische Information Der Deutschen Bibliothek
Die Deutsche Bibliothek verzeichnet diese Publikation in der Deutschen Nationalbibliografie; detaillierte bibliografische Daten sind im Internet über http://dnb.ddb.de abrufbar.

Planung und Lektorat: Dr. Andreas Rüdinger, Barbara Lühker
Herstellung: Ute Kreutzer
Umschlaggestaltung: Spiesz Design, Neu-Ulm
Titelfotografie: Mauritius images
Layout/Gestaltung: EDV-Beratung Frank Herweg, Leutershausen
Satz: Mitterweger & Partner, Plankstadt
Druck und Bindung: Krips b.v., Meppel

Printed in The Netherlands

ISBN-13: 978-3-8274-1802-9
ISBN 3-8274-1802-X

Aktuelle Informationen finden Sie im Internet unter www.elsevier.de

Inhalt

Vorwort

Der Nanotechnologie werden wahre Wunder zugetraut: Sie soll zukünftig in der Lage sein, neuartige und hochwirksame Medikamente gegen alle Krebserkrankungen hervorzubringen, wie auch molekulare Fabriken, in denen Bauelemente Molekül für Molekül zusammengesetzt werden. Rechner mit unvorstellbarer Leistungsfähigkeit sollen verfügbar sein, genauso wie leistungsfähige Implantate, die Sinneswahrnehmungen wiederherstellen oder sogar beträchtlich erweitern. Diese Möglichkeiten werden – und das ist das Bedeutsame – nicht nur von einfallsreichen Laien oder kreativen *Science-fiction*-Autoren diskutiert, sondern auch zu einem erheblichen Teil von Experten vorhergesehen. Es erscheint also sinnvoll, sich im Rahmen eines naturwissenschaftlichen, technischen oder medizinischen Studiums mit den Grundlagen und Anwendungen der Nanotechnologie auseinanderzusetzen. Entsprechendes gilt für Mitarbeiter und insbesondere Entscheidungsträger in Unternehmen, die bereits mit Nanotechnologie zu tun haben oder potenziell zu tun haben werden. Für den interessierten Laien wird sich die Nanotechnologie als spannendes und facettenreiches Zukunftsfeld darstellen. Für den mündigen Bürger schließlich ist es notwendig, sich ein Bild von den Möglichkeiten, aber auch von den Risiken, welche die Nanotechnologie bietet und bieten wird, zu machen, um fundiert an einer breiten politischen Diskussion über Rahmenbedingungen und Regularien zur Weiterentwicklung der Nanotechnologie mitwirken zu können.

Es ist nicht ganz einfach, in einem Buch mit einigermaßen überschaubarem Umfang einen Überblick über die Grundlagen und Anwendungen der Nanotechnologie zu geben. Dieses hat zum einen seine Ursache darin, dass die naturwissenschaftlichen Wurzeln der Nanotechnologie vielfältig sind und teilweise komplexe wissenschaftliche Zusammenhänge umfassen. Zum anderen haben Leser natürlich eine höchst unterschiedliche Nähe zu den einzelnen Teilgebieten der Nanotechnologie und auch sehr unterschiedliche Vorkenntnisse.

Viele Lehrbücher, die in den vergangenen Jahren zum Thema erschienen sind, konzentrieren sich auf Detailaspekte der Nanostrukturforschung und Nanotechnologie und lassen einen breiten und ausgewogenen Überblick vermissen. Das vorliegende Buch soll hier eine Lücke schließen, indem es einen kompakten Überblick über die naturwissenschaftlich-technischen Grundlagen der Nanotechnologie gibt, wobei keine umfassenden Kenntnisse in einer der zugrunde liegenden naturwissenschaftlichen Disziplinen explizit vorausgesetzt werden. Insbesondere wurde bewusst auf eine mathematische Darstellung der Zusammenhänge in Form von Formeln verzichtet, was für manchen Leser Vorteile bieten mag, aber auch die Gefahr der Oberflächlichkeit mit sich bringt. Der Autor ist sich dieses Balanceaktes sehr wohl bewusst. Die Anwendungen der Nanotechnologie werden hinsichtlich kurz-, mittel- und langfristiger Perspektiven diskutiert, und mögliche Technikfolgen werden thematisiert. Damit sollte das Buch für die genannten Lesergruppen eine gute Grundlage für einen Einstieg in die Nanotechnologie sein und dem Leser die Möglichkeit geben, zu entscheiden, welche Aspekte der Nanotechnologie ihn im Hinblick auf eine Vertiefung unter Verwendung weiterer Fachliteratur interessieren. Andererseits werden auch Experten, die sich mit einem Teilgebiet der Nanotechnologie professionell beschäftigen, den einen oder anderen Aspekt entdecken, der ihre eigene Tätigkeit im Rahmen des großen Kontextes erscheinen lässt und es damit gestattet, über den Tellerrand hinauszublicken.

Das Buch ist in drei Hauptteile gegliedert. Zunächst wird einleitend die Bedeutung der Nanotechnologie anhand bestimmter Indikatoren diskutiert und der Begriff hinreichend scharf definiert. Im zweiten Teil werden dann die naturwissenschaftlich-technischen Grundlagen der Nanotechnologie diszipinübergreifend dargestellt und bedeutsame Teilbereiche identifiziert. Der dritte Teil schließlich gibt einen branchenspezifischen Überblick über die Anwendungen der Nanotechnologie und thematisiert mögliche positive und negative Technikfolgen. Im Literaturverzeichnis wird auf weiterführende Arbeiten und Internetdarstellungen verwiesen.

Ein Buch, das eine Momentaufnahme der Entwicklung eines dynamischen Technologiefeldes liefert und konkrete Zahlen und Erwartungswerte, beispielsweise für wirtschaftliche Perspektiven beinhaltet, sollte natürlich so zeitnah wie möglich sein. Schon dies erfordert eine rasche Fertigstellung des Manuskripts. Hervorragenden technischen Beistand habe ich dabei erhalten durch Frau Stefanie Neumann. Zur Herstellung der Abbildungen haben wesentlich beigetragen Herr Dr. Haibin Gao und Frau Gabriele Kreutzer-Jungmann. Aus der Elsevier-Redaktion möchte ich Herrn Dr. Andreas Rüdinger und Frau Barbara Lühker herzlich für die effiziente Zusammenarbeit danken.

Saarbrücken, im Juli 2005   *Uwe Hartmann*

1

Begriffsbestimmung und Einordnung

1 Einleitung

Misst man die Bedeutung eines wissenschaftlich-technologischen Bereichs anhand seiner Präsenz im *World Wide Web* oder auch in den sonstigen Medien, so muss man der Nanotechnologie einen bedeutenden Stellenwert zubilligen. Diese Einschätzung verfestigt sich, wenn man präzisere Parameter zur Bewertung der Bedeutung wie beispielsweise die Entwicklung der jährlichen Anzahl von Fachpublikationen oder Patentanmeldungen sowie der weltweiten Verteilung öffentlicher Fördermittel heranzieht. Nimmt man zusätzlich noch die bereits seit einiger Zeit bestehende intensive forschungspolitische Diskussion und das daraus abgeleitete Bestreben zur Bündelung der Forschungsaktivitäten im Bereich der Nanostrukturforschung im regionalen, nationalen und internationalen Bereich zur Kenntnis, so wird deutlich, dass wir es im Zusammenhang mit der Nanotechnologie möglicherweise mit einer technologischen Umwälzung von volkswirtschaftlicher Bedeutung zu tun haben, die nach Ansicht verschiedener Experten sogar einer weiteren industriellen Revolution entsprechen könnte.

Der Begriff „industrielle Revolution", der maßgeblich durch den Sozialreformer Friedrich Engels geprägt wurde, bezieht sich im engeren Sinne auf die Industrialisierung Großbritanniens zwischen etwa 1750 und 1850. Zu dieser Zeit entstand der Industriekapitalismus. Technische Entwicklungen im Bereich der Mechanisierung führten zu einem komplexen technischen, ökonomischen und gesellschaftlichen Umwälzungsprozess (König 1992). Die rasant fortschreitenden Veränderungen betrafen die Wirtschaft und Technik, die Struktur der Gesellschaft, soziale Beziehungen, Lebensstil, politische Systeme, Siedlungsformen und das Landschaftsbild. Die bekannten Folgen waren humanere Arbeitsbedingungen, die Beseitigung der Massenarmut, Beschleunigung technologischer, ökonomischer und sozialer Veränderungen, gesteigerte Akkumulation von Kapital und gesteigertes Arbeitsangebot. Einige dieser Aspekte sind auch heute aus Sicht wirtschaftlicher Prosperität noch außerordentlich aktuell.

Als zweite industrielle Revolution wird häufig die Einführung der Automatisierung in den ersten Dekaden des 20. Jahrhunderts bezeichnet (König 1992). Wenngleich hier der Begriff „industrielle Revolution" bereits sinnentleerter als in der ursprünglichen Verwendung erscheint, so hat doch die Automatisierung zu einer umfassenden und bis heute anhaltenden Umwälzung der Industriegesellschaft geführt. Zuweilen wird als dritte industrielle

Revolution die Einführung von Mikroprozessoren ab Mitte des 20. Jahrhunderts bezeichnet. Ein Vergleich der Nanotechnologie mit den genannten industriellen Entwicklungen, die gleichsam alle unsere Lebensbereiche umfassend umgewälzt haben, unterstreicht nachhaltig das enorme Entwicklungspotenzial.

Bei der Diskussion der Nanotechnologie in Expertenkreisen, in der Politik und in der breiten Öffentlichkeit ist die enorme Breite auffallend, in der die Diskussion geführt wird. Gegenstand der allgemeinen Diskussion zur Nanotechnologie sind einerseits die schon jetzt beeindruckenden Ergebnisse aus der Nanostrukturforschung, die eindeutig die rasante Entwicklungsdynamik zeigen, und der Querschnittscharakter, den diese Forschungsergebnisse repräsentieren. Andererseits werden aber auch visionäre Vorstellungen zukünftiger Entwicklungen, die potenziell praktisch alle Lebensbereiche erfassen, aber auch beträchtliche Gefahrenpotenziale, die einer technologischen Umsetzung entgegenstehen könnten, diskutiert. Da die Nanotechnologie sich darüber hinaus für die abenteuerlichsten Spekulationen eignet wie kein zweiter Bereich, besteht die mediale Begleitmusik häufig genug in irreführender oder sogar wissenschaftlich gesehen falscher Information.

Eine solide Kenntnis der Grundlagen, der Anwendungsstrategien und Anwendungsfelder der Nanotechnologie ist aus zwei Gründen von Bedeutung: Zum einen ist sie Voraussetzung für eine kompetente Einschätzung des Potenzials der Nanotechnologie im Bereich industrieller Anwendungen in technischer und betriebswirtschaftlicher Hinsicht. Zum anderen ist sie unerlässlich für eine Beurteilung möglicher Veränderungen in den unterschiedlichsten gesellschaftlich relevanten Bereichen, wie beispielsweise Gesundheitswesen, Ressourcennutzung und Bildungssektor.

Da im Bereich der Nanotechnologie ein quantifizierbarer Bedarf an Arbeitskräften insbesondere auch im akademischen Bereich besteht, hat die Nanotechnologie als fachübergreifendes Thema auch die Hochschullehre erreicht. Neben speziell ausgerichteten Studiengängen und Aufbaustudiengängen existiert eine große Palette von Weiterbildungsangeboten. Im universitären Bereich ist die Nanotechnologie in Form von Wahlfächern und Spezialvorlesungen in den Natur- und Ingenieurwissenschaften allerorts präsent.

Viele Lehrbücher zur Nanotechnologie spiegeln die Diversität des Feldes wider, indem sie die naturwissenschaftlichen oder technischen Details der unterschiedlichen Teilgebiete von der Nanoelektronik bis hin zur molekularen Medizin behandeln. Von besonderer Bedeutung für ein fundiertes Verständnis der Nanotechnologie ist jedoch die Kenntnis der interdisziplinären Grundlagen, die das Gebiet unabhängig von der speziellen Anwendung vereinheitlichen. Das heute allgemein zu beobachtende Phänomen, dass Neues primär zwischen den klassischen Disziplinen entsteht, und somit sich in der Anwendung einander annähernde wissenschaftlich-technische Bereiche zu neuen Produkten oder Verfahren führen, wird häufig mit dem Begriff *converging technologies* umschrieben.

Fazit: Gemessen an weichen, aber auch harten Indikatoren muss die Nanotechnologie als außerordentlich bedeutsames, relativ neues Technologiefeld angesehen werden. Die öffentliche Diskussion über Nanotechnologie ist häufig durch wenig Sachkenntnis geprägt, wobei eine exakte Prognose des Entwicklungspotenzials auch für Experten problematisch ist. Nanotechnologie ist inhärent fachübergreifend. Fundiertes Wissen erfordert eine Kenntnis der Grundlagen und des Zusammenspiels der Disziplinen.

2 Grundlagen

Häufig wird Nanotechnologie fälschlicherweise einfach am Längenmaß-
stab festgemacht und über die charakteristische oder minimale Strukturab-
messung eines Materials oder Bauelementes definiert, was nicht adäquat
ist. Inkorrekt ist ebenfalls die Vorstellung, dass es sich bei der Nanotechnologie um eine abrupt durch einen Technologiesprung entstandene neue
Miniaturisierungsmöglichkeit handelt. In der breiten Diskussion wird die
faktische Bedeutung der Nanotechnologie häufig sowohl überschätzt als
auch teilweise unterschätzt, obwohl es eine Reihe von Indikatoren gibt, die
durchaus auf die tatsächliche Bedeutung schließen lässt.

2.1 Was ist Nanotechnologie?

Zunächst einmal ist trivialerweise zu bemerken, dass der Begriff „Technologie" in diesem Zusammenhang, wie heute üblich, im Sinne von „Technik" verwendet wird und nicht einschränkend im Hinblick auf eine technische Verfahrenskunde. Die Vorsilbe „nano" leitet sich aus dem Griechischen
„nanos" für „Zwerg" oder „zwergenhaft" ab. Wie auch entsprechende andere
aus dem Griechischen oder Lateinischen abgeleitete Vorsilben verwendet
man die Vorsilbe „nano" zur Fraktionierung physikalischer Maßeinheiten.
Es handelt sich dabei um den milliardstel Teil, also um

$$10^{-9} = 0,000\,000\,001\,.$$

Beispiele für die Verwendung wären ein Nanoliter (1 nl), eine Nanosekunde
(1 ns) oder auch ein Nanometer (1 nm). Ein Nanometer entspricht also einem
milliardstel Meter, einem millionstel Millimeter oder einem tausendstel
Mikrometer. Die Fraktionierung der Längenskala ist nun von besonderer
Bedeutung für die Definition der Nanotechnologie, die man gleichwohl nicht
in simplifizierender Weise an einer Längenausdehnung allein festmachen
kann.

Wie in Kapitel 4 eingehend erläutert wird, sind funktionale Eigenschaften
eines Körnchen eines Materials oder Eigenschaften eines kompletten Bauelementes bei hinreichend kleinen charakteristischen Ausdehnungen von
den Abmessungen selbst abhängig. Beispielsweise werden Eigenschaften
wie die Härte, die elektrische Leitfähigkeit, die Farbe oder die chemische
Reaktivität von kleinsten Partikeln beliebiger Materialien direkt abhängig

vom Partikeldurchmesser, ein Effekt, den man für Materialien mit herkömmlicher Struktur und für größere Partikel nicht beobachtet: Ein Stecknadelkopf ist silbrig glänzend und hat die Härte, die elektrischen Eigenschaften und den Schmelzpunkt eines tonnenschweren Stücks aus einem identischen Stahl. Dagegen verhalten sich komplette Halbleiterbauelemente unterhalb einer kritischen Größe vollkommen anders als die Bauelemente, die wir heute kennen: Elektrische Ströme fließen z. B. in eigentlich isolierenden Bauelementbereichen und Ströme steigen mit wachsender elektrischer Spannung nur noch stufenförmig anstatt kontinuierlich an. Auch hier hat die charakteristische Ausdehnung einen direkten Einfluss auf die Funktionalität des Bauelementes. Es ist daher sinnvoll, zu definieren:

In der Nanotechnologie erzielt man spezifische Funktionalitäten durch einen kausalen Zusammenhang zwischen der jeweiligen Funktionalität und der Verkleinerung auf charakteristische strukturelle Abmessungen, die in mindestens zwei Dimensionen 100 nm unterschreiten.

Diese zunächst abstrakt anmutende Definition ist einerseits weit genug gefasst, um die verschiedensten Bereiche der Nanotechnologie zu subsumieren, und schließt andererseits Bereiche aus, die im Sinne des innovativen Charakters nicht zu der heute bewusst betriebenen Nanotechnologie zu zählen sind. Eine Festlegung des Nanobereichs auf das Intervall 1–100 nm ist sinnvoll, weil sich in diesem Längenbereich eine Vielzahl völlig neuer größeninduzierter Funktionalitäten auftut. Darunter liegen einzelne Atome oder Moleküle, darüber die Mikrotechnologie. Die definitorische Einschränkung auf mindestens zwei nanoskalige Dimensionen schließt aus, dass man einen herkömmlichen Film auf einer Oberfläche, der eine Dicke von nur wenigen Nanometern hat, aber in zwei Dimensionen ausgedehnte Abmessungen besitzt, bereits als nanotechnologisches Produkt bezeichnet. Hingegen ist natürlich das aus diesem Film strukturierte Bauelement bei entsprechenden Abmessungen ein Nanobauelement.

Im Sinne der obigen Definition ist Nanotechnologie nicht *per se* etwas gänzlich Neues, denn Partikel mit Nanometerabmessungen sind bereits seit langem, beispielsweise aus der Kolloidchemie, bekannt. Verschärfte und eher für die akademische Diskussion verwendete Definitionen fordern daher teilweise für eine im eigentlichen Sinn nanotechnologische Synthese eine Adressierungs- und Zugriffsmöglichkeit auf alle Bestandteile eines Nanoobjektes. Im Rahmen dieser molekularen Nanotechnologie wären also nur *Bottom-up*-Ansätze zu betrachten, bei denen Nanostrukturen aus einzelnen Atomen oder Molekülen gezielt aufgebaut wären, wie dies exemplarisch in Abbildung 2.1 dargestellt ist. Um der derzeitigen Realität und absehbaren Perspektiven bei der Herstellung von Nanostrukturen gerecht zu werden,

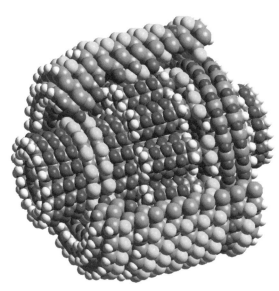

Abb. 2.1: Gezielt aus einzelnen Atomen zusammengesetztes Nanobauteil (Institute for Molecular Manufactoring, Los Altos).

ist es allerdings sinnvoller, es bei der obigen Definition zu belassen und zu konstatieren, dass das verbindende Element innerhalb der unterschiedlichen nanotechnologischen Bereiche die bewusste Nutzung der Größen-Eigenschafts-Kausalität ist.

Wie in Abbildung 2.2 dargestellt, lassen sich Nanostrukturen sowohl mittels *Top-down*-Verfahren, die in der sukzessiven Verkleinerung struktureller Abmessungen vom Makro- über den Mikro- in den Nanobereich bestehen, herstellen als auch mittels *Bottom-up*-Verfahren, welche die atomare oder molekulare Synthese der Strukturen zum Gegenstand haben. Mit Methoden der supramolekularen Chemie oder auch der Gentechnologie gelingt es durchaus, nanometergroße Strukturen zu synthetisieren, allerdings erscheint es zum heutigen Zeitpunkt undenkbar, etwa ein komplexes technisches Bauelement mit genau vorgegebener Funktionalität, wie beispielsweise in Abbildung 2.1 gezeigt, im Reagenzglas milliardenfach zu synthetisieren. Dass eine derartige Synthese im Rahmen der durch die Naturgesetze vorgegebenen Möglichkeiten stattfinden kann, beweist die Natur selbst: In biologischen Systemen werden in großer Anzahl ständig komplexeste „Nanomaschinen" synthetisiert, deren Funktionalität ebenfalls stark durch Abmessungen inner-

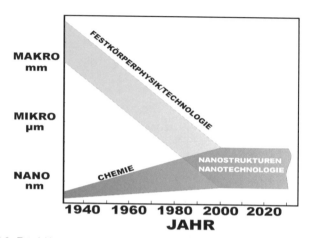

Abb. 2.2: Entwicklung der mittels *Top-down-* und *Bottom-up*-Ansätzen erreichbaren charakteristischen Größe technischer Objekte. Der Bereich, in dem sich beide Ansätze überlappen, entspricht dem typischen Größenbereich biologischer Nanostrukturen.

halb des in obiger Definition genannten Größenbereichs induziert wird. Als Beispiel möge die Entstehung von Viren betrachtet werden, die als perfekte Massenproduktion weitestgehend fehlerfrei und ohne menschliches Zutun abläuft. Viren bestehen in der Regel aus Tausenden von Proteineinheiten, die immer wieder auf dieselbe Weise durch Wirken der intermolekularen Wechselwirkungen unter thermodynamischen Nichtgleichgewichtsbedingungen zusammengesetzt werden. Treten dabei Fehler auf, so werden diese in der Regel durch „Selbstheilungsprozesse" wieder beseitigt. Es gibt viele Beispiele für biologische Maschinen auf *sub*zellulärer Ebene mit erstaunlichen Eigenschaften. Angesichts der erstaunlichen Funktionalität biologischer Nanostrukturen besteht ein bedeutendes Teilgebiet der Nanotechnologie in der Nanobiotechnologie, einer Disziplin im Grenzbereich zwischen Nano- und Biotechnologie (Hartmann 2003).

Fazit: In der Nanotechnologie wird die Kausalität zwischen struktureller Größe und Funktionalität gezielt ausgenutzt, um neue Eigenschaften von Materialien oder Bauelementen zu erreichen. Strukturen werden sowohl durch *Bottom-up-* als auch durch *Top-down*-Ansätze generiert. Ein grundsätzliches Ziel besteht in der Verwendung von Strategien, die der Entstehung natürlicher Nanostrukturen zugrunde liegen, was der Nanobiotechnologie eine spezielle Bedeutung verleiht.

2.2 Historische Entwicklung

Die Tatsache, dass hinreichend kleine Partikel eines Materials Eigenschaften besitzen, die von denen des Massivmaterials teilweise drastisch abweichen, ist zumindest im empirischen Sinne seit langem bekannt. So verwendeten die Römer feinste Goldpartikel oder auch Gold/Silberpartikel, um Gläsern markante Farbeffekte zu verleihen. Es lassen sich auf diese Weise etwa die bekannten Rubingläser herstellen. Ein Beispiel ist in Abbildung 2.3 dargestellt. Ohne dass im Detail die physikalischen Mechanismen bekannt sein konnten, nutzte man technisch gezielt die vom Massivmaterial stark abweichenden optischen Eigenschaften der Edelmetall-Nanopartikel aus. Obwohl es sich dabei um die Verwendung von Nanopartikeln im Sinne der obigen Definition handelt, handelt es sich natürlich nicht um eine gezielte Nanotechnologie, die eine Kenntnis des kausalen Zusammenhangs zwischen Partikelgröße und optischem Streuverhalten der Partikel voraussetzt.

Abb. 2.3: Lycurgus-Pokal (4. Jahrhundert, National British Museum of History). Das mit 70 nm großen Partikeln aus sieben Teilen Silber und drei Teilen Gold versehene Glas erscheint grün in der Reflexion und rot, wenn es von hinten beleuchtet wird (Transmission).

Kolloidale Suspensionen, d. h. *sub*-mikrometergroße Teilchen in einer flüssigen Matrix, lassen sich bereits seit Jahrzehnten sehr gezielt herstellen und auch die Verwendung von Nanopartikeln als Träger für Arzneimittel wird bereits seit längerem erforscht.

Als erster wirklicher Visionär der Nanotechnologie im eigentlichen Sinne ist aus heutiger Sicht der amerikanische Physiker und Nobelpreisträger Richard Feynman zu nennen, der in einer Rede vor der amerikanisch-physikalischen Gesellschaft im Dezember 1959 (Feynman 1959) die Konsequenzen einer grenzenlosen Miniaturisierung aus Sicht der Theoretischen Physik außerordentlich konkret diskutierte. Dabei analysierte Feynman systematisch das Skalierungsverhalten elektromechanischer Maschinen, elektrischer Schaltkreise oder die Frage, wie stark sich gespeicherte Information miniaturisieren lässt. Visionär waren die Überlegungen Feynmans insofern, als dass die technische Realisierung der „Feynman-Maschinen" höchstens langfristig, jedoch in einigen Fällen überhaupt nicht möglich erschien. Heute hingegen erweisen sich die Feynman'schen Überlegungen als durchaus realistisch und zum Teil ansatzweise als realisiert oder realisierbar.

Während Feynman selbst den Begriff „Nanotechnologie" nicht verwendete, wurde er konkret 1974 durch den Japaner Norio Taniguchi eingeführt, wenngleich auch zunächst durch die Expertengemeinde noch nicht zur Kenntnis genommen. Norio Taniguchi verwendete den Terminus für Technologien, die geeignet sind, die Rauigkeit von Materialoberflächen auf Sub-Mikrometer-Längenskalen zu kontrollieren.

Als einen konkreten experimentellen Meilenstein muss man sicherlich die Entwicklung des Rastertunnelmikroskops Ende 1981 ansehen, da es mit diesem Gerät erstmalig gelang, einzelne Atome abzubilden und nicht nur ein ganzes Kollektiv von periodisch angeordneten Atomen. Gerd Binnig und Heinrich Rohrer vom IBM-Forschungslabor in Rüschlikon wurden im Jahre 1986 mit dem Nobelpreis für Physik für die Entwicklung des Gerätes ausgezeichnet. Die Bedeutung dieser Entwicklung besteht zum einen darin, dass das Rastertunnelmikroskop Ausgangspunkt für eine ganze Reihe von Werkzeugen geworden ist, die es möglich machen, Materie auf molekularer und atomarer Ebene zu analysieren, aber auch zu manipulieren (vgl. hierzu Kapitel 5), und zum anderen darin, dass aufgrund der relativen Simplizität des Aufbaus der Geräte eine gute Verfügbarkeit zu einer außerordentlich rasanten Verbreitung der Techniken geführt hat. Heute sind Rastersondenmikroskope als Standardinstrumente aus der nanotechnologischen Forschung, Entwicklung und Produktion nicht mehr wegzudenken.

Wenngleich auch die Datierung einiger weniger konkreter Meilensteine in der Entwicklung der Nanotechnologie eine Bewertung der Historie erleichtert, so muss doch darauf hingewiesen werden, dass eine Vielzahl von parallel ablaufenden Entwicklungen in den unterschiedlichsten Bereichen der Naturwissenschaften und der Technik zur kontinuierlichen Entwicklung der Nanotechnologie beigetragen haben. Dies sind insbesondere viele weitere mikroskopische und oberflächenanalytische Verfahren, aber auch Verfahren zur kontrollierten Herstellung und Strukturierung dünner Schichten, die insbesondere im Zuge der Entwicklung der Mikroelektronik etabliert wurden. Andere wesentliche analytische und präparative Entwicklungen aus der supramolekularen Chemie und der Biochemie komplettieren die Wurzeln der Nanotechnologie. Was häufig übersehen wird, ist auch die enorme Bedeutung der sich rasant weiterentwickelnden Möglichkeiten der theoretischen Modellierung von Nanosystemen, die eng mit der Steigerung der Leistungsfähigkeit von Rechnern zusammenhängt. Das, was Nanotechnologie ausmacht, ist die zielgerichtete und multidisziplinäre Nutzung von Ansätzen zur Herstellung nanoskaliger Systeme.

Fazit: Wenngleich es einige markante Meilensteine gibt, so fußt die Nanotechnologie doch im Wesentlichen auf einer Reihe von in den unterschiedlichsten Disziplinen parallel abgelaufenen wissenschaftlich-technischen Entwicklungen. Dementsprechend sind nanotechnologische Ansätze inhärent multidisziplinär.

2.3 Faktische Bedeutung

Während außer Zweifel steht, dass die Nanotechnologie langfristig zu erheblichen industriellen Umwälzungen führen könnte, muss sich die heutige faktische Bedeutung natürlich an konkreten Indikatoren wie an der Entwicklung von Patentanmeldungen, an der Anzahl von Firmenneugründungen und industriellen Aktivitäten, an der Anzahl verfügbarer oder in der Entwicklung befindlicher Produkte oder auch an konkreten Umsatzzahlen messen. Anhand dieser konkreten Indikatoren gestaltet sich eine präzise Bewertung kompliziert, weil häufig nanotechnologische Komponenten einen zwar mehr oder weniger großen Anteil an einer konkreten Entwicklung oder einem Produkt haben, aber unter Umständen nur in geringem Umfang zur Wertschöpfung beitragen und auch nicht isoliert betrachtet werden können. Insofern gibt es durchaus Kontroversen darüber, wie aussagekräftig Marktzahlen und Prognosen in diesem Bereich sind (Luther 2003). Exemplarisch sei hier in Tabelle 2.1 eine der am sorgfältigsten und transparentesten zusammengetragenen Übersichten aufgeführt. Selbstverständlich weichen andere Studien

Tab. 2.1: Übersicht über Marktzahlen und -Prognosen zur Nanotechnologie (Luther 2003)

Weltmarkt (Jahr)	Bezogen auf	Quelle
493 Mio. US-$ (2000) 900 Mio. US-$ (2005)	Anorganische Nanopartikel und -pulver (SiO_2, TiO_2, Metalle etc.)	BCC (2002)[1]
40 Mrd. US-$ (2002)	Synthetische Nanopartikel als Vorprodukte	BASF (2002)[2]
23 Mrd. US-$ (2003) 73 Mrd. US-$ (2003)	Nanomaterialien Werkzeuge, Bauelemte, Nano-biotechnologie	Deutsche Bank (2003)[3]
54 Mrd. Euro (2001) 100 Mrd. Euro (2005)	Nanotechnologische Produkte (aufgeschlüsselt nach Nano-materialien, Nanoschichten, Nanoanalytik, ultrapräzise Ober-flächenbearbeitung, laterale Nanostrukturen)	VDI,[4] DG Bank (2001)[5]
66 Mrd. US-$ (2005) 148 Mrd. US-$ (2010)	Nanotechnologische Produkte	Mitsubishi Research Institute (2002)[6]
bis zu 200 Mrd. Euro (2005)	Nanotechnologische Produkte	Sal. Oppenheim (2001)[7]
225 Mrd. US-$ (2005) 700 Mrd. US-$ (2008)	Nanotechnologische Produkte	NanoBusiness Alliance (2001)[8]
1 Billion US-$ (2015)	Nanotechnologische Produkte	NSF (2001)[8]

[1] Rittner, M. (2002) „Market Analysis of Nanostructured Materials", American Ceramic Society Bulletin Vol. 81, No. 3
[2] Diestler, D. (2002) „Nanoteilchen in Megatonnen", Presse-Information BASF AG vom 28.10.2002
[3] Deutsche Bank (2003) „Nanotechnology Market and Company Report 2003"
[4] www.nanonet.de
[5] DG/WZ Bank (2001) „Im Fokus: Nanotechnologie in der Chemie"
[6] Kamei, S. (2002) „Promoting Japanese-style Nanotechnology Enterprises"
[7] Sal. Oppenheim (2001) „Mikrosystemtechnik und Nanotechnologie – Schlüsseltechnologien für Deutschland"
[8] RedHerring (2001) „The Biotech Boom: The view form here", online-Artikel 02.11. 2001 (www.redherring.com/Insider/2001/1102/580020458.html)

durchaus von dieser Einschätzung ab. Ähnlich verhält es sich bei einer konkreten Bezifferung der Anzahl bereits real existierender Arbeitsplätze im Bereich der Nanotechnologie. Wesentlich präziser sind hingegen Statistiken über die Entwicklung der Anzahl der Patentanmeldungen im Bereich der Nanotechnologie sowie über die weltweit zur Verfügung gestellten öffentlichen Fördermittel, insbesondere auch im Vergleich zwischen Nordamerika, Europa und Japan (Jopp 2003). Unter Berücksichtigung der genannten Unsicherheiten lässt sich in jedem Fall feststellen, dass die Nanotechnologie heute zwar noch keine volkswirtschaftliche Bedeutung hat, die etwa mit derjenigen der Mikroelektronik oder der Stahltechnologie vergleichbar wäre, jedoch besteht in bestimmten industriellen Bereichen bereits eine beträchtliche Relevanz in Bezug auf Umsätze und Arbeitsplätze. Die eigentliche faktische Bedeutung ist darin zu sehen, dass die Nanotechnologie vermutlich bereits in etwa zehn Jahren eine rasant ansteigende volkswirtschaftliche Bedeutung erringen wird, was die ungeheure Entwicklungsdynamik unterstreicht. Da im Allgemeinen Entwicklungszyklen für Hochtechnologieprodukte etwa dieser zeitlichen Distanz entsprechen, erfordert diese Perspektive bereits heute in vielerlei Hinsicht strategische Entscheidungen (Beckmann 2002).

Fazit: Die faktische Bedeutung der Nanotechnologie besteht in ihrem Querschnittscharakter und in ihrer erheblichen Entwicklungsdynamik, die es notwendig macht, bereits heute auf den unterschiedlichen Ebenen technologische und wirtschaftliche Strategien zu determinieren. Eine Einschätzung der faktischen Bedeutung der Nanotechnologie anhand von Standardindikatoren ist problematisch, da Nanotechnologie häufig eher eine indirekte Wertschöpfungsrelevanz zur Folge hat.

2

Wissenschaftliche und technologische Grundlagen

3 Miniaturisierung

Die gezielte Ausnutzung der Kausalität zwischen Funktionalität und struktureller Größe setzt technologische Möglichkeiten voraus, hinreichend kleine strukturelle Abmessungen – d. h. Abmessungen im Nanometermaßstab – gezielt zu erzeugen. Hieraus leitet sich direkt eine Motivation zur Erarbeitung von Miniaturisierungsstrategien ab, die gleichwohl nicht ausschließlich durch Fortschreibung der Miniaturisierungsverfahren der Mikroelektronik entwickelt werden können. Dies resultiert insbesondere daraus, dass es wissenschaftliche, technische und auch ökonomische Grenzen der Fortschreibung von *Top-down*-Ansätzen gibt.

3.1 Motivation

Das Bestreben, charakteristische Abmessungen technischer Vorrichtungen, Bauelemente oder Komponenten so weit wie möglich zu miniaturisieren, hat sich in der Technikgeschichte als wohl stärkste Triebfeder zur Entwicklung neuer Technologien und damit als ein wesentliches Element des technischen Fortschritts schlechthin erwiesen. Dieser Befund verdeutlicht allerdings zunächst nicht, woraus das Streben nach Miniaturisierung und damit der Wert der Kleinheit grundsätzlich resultiert. Letzteres ist jedoch bei näherer Betrachtung offensichtlich für alle Technologien. Eine hinreichende Kleinheit einer technischen Komponente ist erforderlich, wenn die Funktionsfähigkeit des Gesamtsystems diese Kleinheit erfordert, wenn Kleinheit zur Benutzerfreundlichkeit oder Ergonomie beiträgt oder wenn die Miniaturisierung von Strukturen aus ökonomischen Gründen erforderlich ist.

Es ist offensichtlich, dass beispielsweise ein endoskopisches Verfahren in der Medizin nur realisiert werden kann, wenn das Endoskop genügend klein ist. Ebenso offensichtlich ist, dass ein stark miniaturisierter Herzschrittmacher einen höheren Tragekomfort bietet als die ersten Geräte von der Größe einer Schuhcremedose. Der Zusammenhang zwischen konsequenter Miniaturisierung und Ökonomie wird insbesondere am Beispiel der Halbleiter-Speicherchips deutlich, wo die Zunahme der Integrationsdichte zu einer dramatischen Reduktion der Kosten pro Informationseinheit geführt hat. Die Mikroelektronik ist überhaupt ein gutes Beispiel dafür, dass häufig alle genannten Miniaturisierungsgründe gleichzeitig vorliegen und damit gleichermaßen Motivation für die Miniaturisierung sind: Die heutigen PCs sind aufgrund fortschreitender Miniaturisierung der Komponenten in der Lage, Probleme zu lösen, die auf diese Weise vor zehn Jahren nicht lösbar waren. Dabei sind sie gleichzeitig nutzerfreundlicher und im Allgemeinen nicht teurer als seinerzeitige Computer.

Die Miniaturisierung hat also im Laufe der Zeit bestimmte Produktionsabläufe erst ermöglicht, andere humaner gestaltet und hat dafür gesorgt, dass viele Produkte für eine breite Bevölkerungsschicht überhaupt erschwinglich sind und zur Verfügung stehen können. Nirgendwo hat die Miniaturisierung zu einer so konsequenten und dramatischen Entwicklung wie in der Mikroelektronik und seit einigen Jahrzehnten auch in der Mikrosystemtechnik geführt. Der Übergang von elektromechanischen Bauteilen zur Elektronenröhre, von der Elektronenröhre zum Einzeltransistor und vom Transistor zum stetig fortentwickelten integrierten Schaltkreis beinhaltete sowohl Technologiesprünge als auch die kontinuierliche Verfeinerung bestehender Strategien. Miniaturisierung konnte dabei direkt in Machbarkeit, Arbeitserleichterung und ökonomische Perspektiven umgesetzt werden. Die fortschreitende Miniaturisierung mikroelektronischer Bauelemente, die durch das in Abbildung 3.1 dargestellte Moore'sche Gesetz beschrieben wird, hält bis heute an: Circa alle 18 Monate verdoppelt sich die Integrationsdichte, was mit einer entsprechenden Erhöhung der Leistungsfähigkeit verbunden ist (Sze 2002).

Obwohl dieses empirische Gesetz eine erstaunlich lange Gültigkeitsdauer besitzt, wird eine kontinuierliche Fortschreibung in die Zukunft nicht möglich sein. Die Entwicklungen in der Mikroelektronik sind ökonomiegetrieben. Den beträchtlichen Kosten, die eine entsprechende Halbleiterfabrik verursacht, standen bislang Gewinnerwartungen gegenüber, die es zumindest für eine abnehmende Zahl global agierender Unternehmen sinnvoll erscheinen ließ, die Miniaturisierung weiterzutreiben. Bei dem zukünftig zu erwartenden Anstieg von Entwicklungs- und Herstellungskosten dürften zunächst nur noch wenige globale Allianzen in der Lage sein, die technologische Entwicklung fortzuführen, bis dann unter Umständen endgültig ein ökonomisches Limit erreicht ist. Neben der ökonomischen Sinnhaftigkeit stehen aber auch naturwissenschaftliche Gesetzmäßigkeiten einem beliebigen *Downscaling* von Halbleiterstrukturen entgegen: Spätestens, wenn die strukturellen Abmessungen eines Schaltkreises nur noch wenige Atomlagen umfassen – dies wäre bei einer Fortschreibung des Moore'schen Gesetzes zwangsläufig in einigen Jahrzehnten der Fall –, führen die Gesetze der Quantenphysik dazu, dass die Schaltkreise nicht mehr gemäß den heutigen Funktionsprinzipien betrieben werden können.

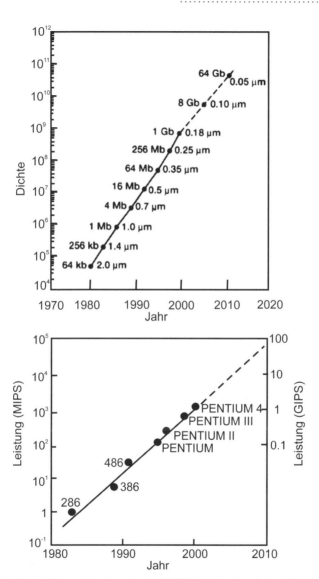

Abb. 3.1: Die Dichte von Bauelementen bei DRAM-Speicherbausteinen (oben) sowie die Rechenkapazität bei Mikroprozessoren (unten) wachsen über die Zeit entsprechend dem Moore'schen Gesetz (Sze 2002).

In der Nanotechnologie ist, wie bereits erwähnt, die Miniaturisierung nicht aus den genannten Gründen ein explizites Ziel, sondern vielmehr, weil sich nur durch Miniaturisierung der Abmessungen bestimmte funktionale Eigenschaften erreichen lassen. Damit besteht eine gänzlich andere Motivation zur Miniaturisierung als im Bereich der Mikroelektronik oder Mikrosystemtechnik. Andererseits bilden natürlich bislang entwickelte Strategien zur Miniaturisierung trotz des Paradigmenwechsels eine wichtige Grundlage für nanotechnologische Herstellungsverfahren.

Fazit: Miniaturisierung hat sich schon immer als starke Triebfeder für die Entwicklung neuer Technologien erwiesen. Die Motivation war dabei die Realisierung des Machbaren, die Verbesserung der Effizienz und die Optimierung ökonomischer Gesichtspunkte. Die Nanotechnologie bringt diesbezüglich einen Paradigmenwechsel mit sich. Miniaturisierung resultiert hier in qualitativ neuen Eigenschaften, wobei bisherige Miniaturisierungsstrategien eine wichtige Grundlage für die Entwicklung nanotechnologischer Verfahren darstellen.

3.2 Konzepte und Strategien

Miniaturisierung in der Nanotechnologie im weitesten Sinne umfasst die Kontrolle struktureller Abmessungen bis hinunter zur Nanometerskala. Die Oberflächenrauigkeit von Werkstoffen, beispielsweise im Bereich der Optik, soll auf Sub-Mikrometerwerte gebracht werden. Die Korngrößenverteilung polykristalliner Materialien soll in entsprechend engen Grenzen gehalten werden. Mikroelektronische Bauelemente mit charakteristischen Dimensionen im Sub-Mikrometerbereich sollen in großer Anzahl bei hinreichend geringen Fertigungstoleranzen auf *Wafern* (*Wafer*: Scheibe eines Silizium-Einkristalls) strukturiert werden. Diese stark unterschiedlichen Aufgabenstellungen, die bislang schon eine Kontrolle struktureller Abmessungen im Mikrometerbereich gemeinsam haben, erfordern die unterschiedlichsten Konzepte und Strategien. Dominierend sind hier *Top-down*-Ansätze, die darin bestehen, dass ein in drei oder zwei Dimensionen kontinuierlich ausgedehntes Material sukzessive bis in die Mikrometerdimension strukturiert wird. Im Falle von Massivmaterialien lässt sich die Struktur beispielsweise durch thermische und mechanische Bearbeitungsschritte kontrolliert modifizieren. Die Oberfläche lässt sich in Bezug auf ihre Rauigkeit durch mechanische und chemische Polierverfahren beeinflussen. Durch mechanisches Zerkleinern schließlich lassen sich Mikropartikel erzeugen, die allerdings zum Teil wiederum auch durch chemische oder physikalische Synthesen, ebenso wie dünne und ultradünne Schichten, im Rahmen von *Bottom-up*-Ansätze hergestellt werden können.

Allen bislang genannten Verfahren ist gemeinsam, dass kein Zugriff auf eine individuelle Mikrometer- oder *Sub*-Mikrometerstruktur möglich und notwendig ist. Dieser Bedarf besteht allerdings bei Bauelementen der Mikroelektronik, der Mikromechanik und allgemein in der Mikrosystemtechnik sehr wohl. Es ist offensichtlich, dass hier daher andere Strategien zur Herstellung von im Allgemeinen in großen Anzahlen identischen Mikrostrukturen erforderlich sind. Strukturierungsgrundlagen sind hier lithographische Verfahren, die eine aperiodische Strukturierung dünner Schichten oder auch massiver Halbleitermaterialien erlauben. Heute verwendete Techniken basieren auf der optischen Projektion einer Maske, welche die strukturellen Elemente beinhaltet, in einen lichtempfindlichen Resistfilm (Resist: Polymermaterial, das bei Beleuchtung seine chemischen Eigenschaften ändert), der dann wiederum nach „Belichtung" eine Strukturübertragung auf der Basis von Ätz-, Depositions- und Implantationstechniken ermöglicht (Ikazuki und Mors 2003)

Der Standardwerkstoff für mikroelektronische- und mikromechanische Bauelemente ist das Silizium, wobei zusätzlich verschiedene Metalle für bestimmte Komponenten zum Einsatz kommen. Für elektronische Spezialanwendungen werden zudem Verbindungshalbleiter verwendet. Eine Fülle weiterer Materialien ist für die Optoelektronik relevant. Darüber hinaus sind heute polymere und organische Materialien von zunehmendem Interesse. Je nach Material variieren zwar im Konkreten die entsprechenden Strukturierungs- und Miniaturisierungsverfahren, die genannten Strategien sind jedoch in jedem Fall Grundlage.

Fazit: Konzepte und Strategien zur Miniaturisierung sind in *Top-down*- und *Bottom-up*-Ansätze zu unterteilen. Im Bereich herkömmlicher Technologien dominieren *Top-down*-Ansätze, wobei wiederum in bestimmten Bereichen *Bottom-up*-Ansätze seit langem zur Verfügung stehen. Dort wo Zugriffsmöglichkeiten auf individuelle Strukturen bestehen müssen – dies ist vor allem bei miniaturisierten Bauelementen der Fall – verwendet man lithographische Verfahren zur Strukturierung.

3.3 Grenzen der Skalierbarkeit

Top-down-Ansätze setzen voraus, dass ein Herunterskalieren der Strukturen bei gleich bleibenden Funktionsprinzipien möglich ist. So basieren die heute verwendeten Funktionsprinzipien von Halbleiterbauelementen letztlich auf denjenigen, die bereits vor einigen Jahrzehnten auch für wesentlich größere Bauelemente maßgeblich waren. Dem *Downscaling* sind jedoch, abgesehen von den bereits erwähnten ökonomischen Grenzen, auch technische und am Ende sogar durch die Naturgesetze bedingte Grenzen gesetzt.

Geraten Miniaturisierungsstrategien nicht in Konflikt mit Naturgesetzen, so bedeutet dies, dass bisherige Designkonzepte prinzipiell beibehalten werden können. Für ein mikroelektronisches Bauelement heißt das, dass eine Herstellung unter Verwendung lithographischer Techniken und von Standardmaterialien auf der Basis bisheriger Funktionsprinzipien weiterhin möglich sein sollte. Da allerdings die erreichbare Strukturgröße im Rahmen der lithographischen Verfahren durch die Wellenlänge des verwendeten Lichts begrenzt ist, bedeutet ein Übergang vom Mikro- in den Nanobereich einen Wechsel vom ultravioletten (UV) zum extrem-ultravioletten (EUV) Licht. Für das EUV-Licht existieren aber zunächst weder entsprechende Lichtquellen noch entsprechende Materialien und Konzepte zur optischen Projektion. Dies hat zur Folge, dass trotz beibehaltender Konstruktionsprinzipien des Bauelements zum Teil erhebliche technische Probleme gelöst werden müssen. Entsprechende Beispiele lassen sich für die unterschiedlichsten industriellen Bereiche benennen.

Sind sowohl die technische Machbarkeit als auch die ökonomische Relevanz gegeben, so ist der *Limes* des *Downscalings* letztlich durch die Naturgesetze bestimmt, präziser, durch die zunehmende Relevanz quantenphysikalischer Phänomene: Wenn ein Transistor mit einer heute üblichen charakteristischen Abmessung von einem Mikrometer 10^{12} Atome beinhaltet, so würde ein Transistor mit Nanometerabmessungen nur noch 1000 Atome beinhalten. Die quantenphysikalische Natur der einzelnen Atome, die bei einer sehr großen Anzahl von Atomen ihre Identität verliert, würde dafür sorgen, dass der Nanotransistor keinesfalls so funktioniert, wie es den ursprünglichen Designkriterien entsprechen würde. Alle Eigenschaften des Materials Silizium würden sich mit abnehmender Strukturgröße zunehmend verändern und neue, in der Mikrotechnologie unbekannte Phänomene sind beobachtbar.

Es ist zweckmäßig, drei Aspekte zu unterscheiden, die bei fortschreitender Miniaturisierung die Funktionsfähigkeit einer Nanostruktur so beeinflussen, dass herkömmliche Designkriterien ihre Gültigkeit verlieren:

- Der Materialanteil, der sich an der Oberfläche der Struktur befindet, nimmt stark zu – im Extremfall besteht die gesamte Struktur nur noch aus Oberfläche. Oberflächliche Materialbereiche haben jedoch andere physikalische und chemische Eigenschaften als Bereiche im Innern eines Materials.

- Bestimmte Kenngrößen für ein Material oder ein Bauelement müssen so weit reduziert werden, dass sie im Rahmen eines vorgegebenen Funktionsprinzips nicht mehr realisierbar sind.

- Das zunehmend quantenphysikalische Verhalten führt zum Verschwinden von Phänomenen, die im Rahmen herkömmlicher Funktionsprinzipien benötigt werden und gleichzeitig zu einer Manifestation einer Reihe von neuartigen Phänomenen.

Natürlich sind die genannten Grenzen der Skalierbarkeit auch maßgeblich für *Bottom-up*-Ansätze, da ja zunächst für das physikalische oder chemische Verhalten unmaßgeblich ist, wie eine Nanostruktur hergestellt wurde. In jedem Fall erfordert ein Unterschreiten der Miniaturisierungsgrenzen einen Paradigmenwechsel im Hinblick auf die Funktionsprinzipien von Strukturen. In der Nanotechnologie macht man nun gerade aus dieser Not eine Tugend, indem die Funktionalität auf den qualitativ neuen, durch die extreme Miniaturisierung induzierten Eigenschaften beruht.

Fazit: Ökonomische, technische und letztlich durch die Naturgesetze bedingte Grenzen beschränken das *Downscaling*. Bei Unterschreiten Letzterer dominieren quantenphysikalische Phänomene, die einen Paradigmenwechsel im Hinblick auf Funktionsprinzipien und Designkriterien nötig machen. Die gezielte Ausnutzung der durch die strukturelle Kleinheit induzierten neuen Eigenschaften ist Grundlage der Nanotechnologie.

4 Strukturgröße und Funktionalität

Die Eigenschaften eines Werkstoffes oder eines Bauelementes werden natürlich durch die atomare Zusammensetzung der involvierten Materialien determiniert. Die atomare Zusammensetzung basiert dabei grundsätzlich auf den vorkommenden Atomsorten oder chemischen Elementen, auf der Art ihrer Zusammensetzung zu Molekülen, auf der geometrischen Anordnung der Atome oder Moleküle und auf der Dichte und Anordnung von Defekten und Fremdatomen. Bei nanoskaligen Strukturen wird die Funktionalität, wie bereits erläutert, darüber hinaus durch Größen-Eigenschafts-Relationen bestimmt. Die Möglichkeit, auf atomarer Skala kontrollierte Materialzusammensetzungen mit größeninduzierten Phänomenen zu kombinieren, erlaubt ein gezieltes Maßschneidern gänzlich neuer Funktionalitäten.

4.1 Atomare Anordnung und resultierende Eigenschaften

Die Materie kann bekanntlich die Aggregatzustände gasförmig, flüssig und fest annehmen. Die Klassifikation erfolgt dabei anhand der Ordnungszustände der Atome bzw. Moleküle. Gase haben den niedrigsten Ordnungszustand, sie sind makroskopisch betrachtet von isotroper räumlicher Struktur und verfügen über keine Fernordnung, sodass sie jedes verfügbare Volumen ausfüllen und beliebige Formen annehmen können. Die Nahordnung ist schwach ausgeprägt, die Atome oder Moleküle bewegen sich nahezu frei nach statistischen Gesetzmäßigkeiten durcheinander. Flüssigkeiten hingegen zeigen eine starke Nahordnung ihrer Atome bzw. Moleküle, aber keine Fernordnung. Sie können damit ebenfalls jede beliebige Form annehmen, setzen jedoch Volumenänderungen einen starken Widerstand entgegen. Flüssigkeiten sind ebenfalls räumlich isotrop, ihre Atome bzw. Moleküle sind gegeneinander verschiebbar und bewegen sich unregelmäßig. Festkörper weisen im Allgemeinen den größten Ordnungszustand auf, ihre Atome oder Moleküle sind meist in Kristallgittern räumlich periodisch angeordnet, ihre Struktur ist entsprechend anisotrop. Aufgrund der ausgeprägten Fernordnung setzen Festkörper einer Gestalts- oder Volumenänderung großen Widerstand entgegen.

Die genannten Charakteristika der drei Aggregatzustände sind allerdings keine unbedingt notwendigen, sondern nur hinreichende Eigenschaften. So gibt es amorphe Festkörper ohne periodische Anordnung der Atome oder Moleküle, die eine gänzlich fehlende Fernordnung, jedoch eine durchaus existierende Nahordnung aufweisen. Dementsprechend existiert keine Anisotropie, sondern eine statistische Isotropie. Flüssigkristalle wiederum bilden eine Zustandsform der Materie, die zwischen ungeordneter Flüssigkeit und geordnetem Kristall liegt. Sie bestehen in der Regel aus lang gestreckten Molekülen, die sich in einer Reihe von Konfigurationen räumlich anordnen können. Obwohl die Strukturen kristallin aussehen, weisen sie doch das typische Flüssigkeitsverhalten auf, indem sich die Moleküle gegeneinander verschieben lassen.

Medien können durchaus aus Mischphasen bestehen. So verfügen häufig amorphe Festkörper über kristalline Ausscheidungen oder flüssigkristalline Bereiche koexistieren mit reinen Flüssigkeitsbereichen. Von besonderer Bedeutung sind auch disperse Systeme, in denen Substanzen in einem zusammenhängenden Medium verteilt sind, wobei sogar zwei oder drei Aggregatzustände koexistieren können. Tabelle 4.1 gibt einen Überblick über die inkohärent dispersen Systeme, die von den kohärent dispersen Systemen zu unterscheiden sind. Bei Letzteren – ein Beispiel wären die Gele – sind das Dispersionsmittel und die dispergierte Substanz in sich zusammenhängend und durchdringen sich gegenseitig.

Tab. 4.1: Kategorisierung disperser Systeme.

Dispersionsmittel	Disperse Phase	Bezeichnung	Beispiel
gasförmig	flüssig	flüssiges Aerosol	Nebel
gasförmig	fest	festes Aerosol	Staub
flüssig	gasförmig	Schaum	Schaum
flüssig	flüssig	Emulsion	Milch
flüssig	fest	Sol	Goldsol
fest	gasförmig	fester Schaum	Gasbeton
fest	flüssig	–	Mineralien mit flüssigen Einschlüssen
fest	fest	festes Sol	Opal

Betrachtet man zunächst einmal den einfachsten Fall eines homogenen kristallinen Festkörpers, so lässt sich leicht verdeutlichen, wie stark die Materialeigenschaften mit der atomaren oder molekularen Anordnung variieren. Dies sei erläutert am Beispiel des Elementes Kohlenstoff, das als Fest-

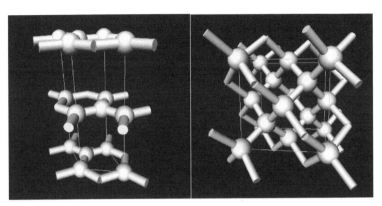

Abb. 4.1: Anordnungen von Kohlenstoffatomen in Graphit (links) und im Diamant (rechts).

körper in den Modifikationen Graphit oder Diamant vorkommen kann. Aus Abbildung 4.1 wird deutlich, dass der Diamant vierbindig und jedes Kohlenstoffatom von vier nächsten Nachbarn umgeben ist. Diamant ist somit ein Verwandter des Germaniums und Siliziums und damit im Prinzip ein Halbleiter, der allerdings eine so große Energielücke aufweist, dass man ihn zur Klasse der Isolatoren zählt. Der Diamant besitzt bekanntlich eine sehr große Härte. Graphit hingegen ist schichtartig aufgebaut. Die Kohlenstoffatome in einer Schicht sind nur von drei Nachbarn umgeben und innerhalb der Schicht beobachtet man eine metallähnliche elektrische Leitfähigkeit. Der Graphit ist außerordentlich weich.

Die extremen Unterschiede zwischen beiden Materialien, die vorliegen, obwohl es sich in beiden Fällen um Kohlenstoff handelt, resultieren ausschließlich aus der unterschiedlichen Anordnung der Atome zu Kristallgittern. Diese Anordnung ergibt sich im Wesentlichen aus den zwischen den Atomen oder Molekülen wirkenden Bindungskräften.

Seit circa 20 Jahren weiß man, dass der reine Kohlenstoff in einer weiteren Modifikation vorliegen kann: In Form der Fullerene (Dresselhaus 1995). In grober Näherung kann man sich Fullerenbälle, wie in Abbildung 4.2 dargestellt, als Graphitkugeln vorstellen. Das bienenwabenartige Kristallgitter einer Graphitschicht besteht aus lauter aneinander gereihten Sechsecken. Wenn sie nur Sechsecke enthält, ist eine Schicht eben, doch wenn man einige Sechsecke durch Fünfecke ersetzt, beginnt sie sich zu wölben. Es stellt sich heraus, dass man 12 Fünfecke braucht, um eine geschlossene Struktur zu

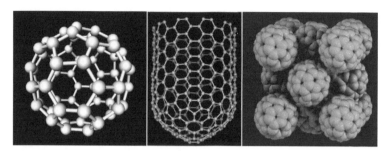

Abb. 4.2: Struktur des Moleküls C_{60} (links), eines Nanoröhrchens (Mitte) und eines C_{60}-Kristalls (rechts).

erhalten. Der kleinste und regelmäßigste Fullerenball besteht aus 12 Fünf-ecken und 20 Sechsecken. Er enthält insgesamt 60 Kohlenstoffatome und bildet das Molekül C_{60}. Die Bezeichnung Fulleren wurde gewählt aufgrund der Tatsache, dass der Architekt Richard Buckminster Fuller entsprechende Polyederkonstruktionen für seine Kuppelbauten verwendete, freilich, ohne etwas von der Existenz der Moleküle zu ahnen.

Wenngleich C_{60} das Fulleren mit der höchsten Symmetrie ist, so gibt es zahlreiche größere Fullerene: C_{70}, C_{82}, C_{84}, ... C_{240}, ... Fullerene mit einem hinreichend großen Aspektverhältnis, wie ebenfalls in Abbildung 4.2 dargestellt, bezeichnet man als Nanoröhrchen. Neben den in Abbildung 4.2 dargestellten reinen Fullerenen existiert heute, in gewisser Weise in Analogie zur klassischen Kohlenstoffchemie, eine Fullerenchemie. Die Datenbanken verzeichnen bereits mehr als 10.000 Fullerenderivate.

Ein Molekül aus 60 Atomen oder mehr kann in gewisser Weise, bereits als kleiner Festkörper betrachtet werden. Genau genommen handelt es sich um ein „Cluster", ein Gebilde, das zwischen Molekül und Festkörper steht. Bereits auf das C_{60}-Molekül kann man typische Methoden der Festkörper-physik, etwa zur Berechnung der elektronischen Eigenschaften, anwenden. Darüber hinaus kann man die einzelnen Moleküle, wie in Abbildung 4.2 dargestellt, zu einem Molekülkristall zusammenfügen und so aus den Clus-tern einen großen Festkörper aufbauen. Diesen kann man dann beispiels-weise, wie auch bei klassischen Halbleitern üblich, dotieren, um gezielt die elektrischen Eigenschaften zu verändern. In alkalidotierten Fullerenen konnte sogar Supraleitung, d. h. ein totales Verschwinden des elektrischen Widerstandes bei genügend niedrigen Temperaturen, beobachtet werden.

Bei endohedralen Fullerenen befinden sich einzelne Atome – beispielsweise Metallatome – im Innern der Käfigmoleküle.

Am Beispiel der drei genannten unterschiedlichen Modifikationen des Kohlenstoffs wird deutlich, wie sehr die Materialeigenschaften bei gegebener Atomsorte oder auch Molekülsorte von der entsprechenden atomaren Anordnung abhängen. Im Umkehrschluss bedeutet dies, dass die Eigenschaften einer Nanostruktur durch gezielte Anordnung der Atome maßgeschneidert werden können. Dies ist in letzter Konsequenz der Leitgedanke bei den *Bottom-up*-Ansätzen, die in Kapitel 5, 6 und 7 diskutiert werden.

Dabei wurde natürlich im obigen Beispiel nur der einfachste Fall der geometrischen Anordnung einer gegebenen Atomsorte diskutiert. Entsprechend größere Variationsmöglichkeiten resultieren natürlich, wenn eine Nanostruktur aus einer größeren Anzahl unterschiedlicher Atome oder Moleküle zusammengesetzt ist. Dabei sind die Möglichkeiten, die atomaren Bausteine im dreidimensionalen Raum anzuordnen, nicht beliebig, sondern bestimmt durch physikalische und chemische Gesetzmäßigkeiten, die den interatomaren und intermolekularen Wechselwirkungen zugrunde liegen. So kann im obigen Beispiel der Kohlenstoff als Festkörper nicht in Form beliebiger atomarer Anordnungen vorliegen, sondern nur in Form der diskutierten. Die möglichen Strukturen entsprechen Konfigurationen, in denen die Gesamtenergie der Struktur ein Minimum annimmt. Allerdings gibt es, wie man bereits am Beispiel des Diamants und des Graphits sieht, im Allgemeinen mehr als eine Konfiguration, die einem Energieminimum entspricht. Dies bedeutet, dass nicht nur ein einziges absolutes Energieminimum vorliegt, sondern relative Minima, die jeweils voneinander durch Konfigurationen erhöhter Energie getrennt sind. Die relativen Energieminima werden dann durch „metastabile Zustände" besetzt, die sich allerdings auf den relevanten Zeitskalen durchaus als äußerst stabil betrachten lassen.

Zu berücksichtigen ist ferner, dass gerade im Bereich der Nanotechnologie Systeme nicht unbedingt im thermodynamischen Gleichgewicht sind. Letzteres ist nur dann gegeben, wenn sich eine Struktur zeitlich praktisch nicht ändert und damit keiner starken Wechselwirkung mit der Umgebung ausgesetzt ist. Prozesse, die Nichtgleichwichtszustände durchlaufen, sind irreversibel und müssen mit den Methoden der Nichtgleichgewichts-Thermodynamik beschrieben werden. Insbesondere biologische Strukturen unter *In-vivo*-Bedingungen befinden sich durchaus fernab vom thermodynamischen Gleichgewicht. Aufgrund der Komplexität der ablaufenden Nichtgleichgewichtsprozesse verstehen wir erst allmählich ihre Grundlagen.

Fazit: Die Zusammensetzung und Anordnung der Atome oder Moleküle bestimmen die Eigenschaften eines Stoffes oder einer funktionalen Struktur. In Abhängigkeit der interatomaren und intermolekularen Wechselwirkungen lässt sich der strukturelle Aufbau gezielt variieren, wobei zwischen thermodynamischen Gleichgewichts- und Nichtgleichgewichtsprozessen zu unterscheiden ist.

4.2 Größe-Eigenschafts-Relationen

Bereits in Kapitel 3 wurde eingehend diskutiert, dass bei Nanostrukturen ein direkter kausaler Zusammenhang zwischen der jeweiligen Eigenschaft und der strukturellen Größe besteht. In diesem Zusammenhang erweisen sich Skalierungsrelationen und ihre Grenzen als bedeutsam. Anhand der drastischen Miniaturisierung in der Mikroelektronik bei Beibehaltung der Funktionsprinzipien der Bauelemente wird deutlich, dass der Gültigkeitsbereich von Skalierungsrelationen in der Regel ungeheuer groß ist. Dies hat zur Folge, dass durch Miniaturisierung der Betrag relevanter physikalischer Größen um viele Größenordnungen variiert werden kann, woraus dann völlig neue Anwendungen für ein bekanntes Funktionsprinzip resultieren können.

Betrachtet man beispielsweise ein Saiteninstrument, wie z. B. eine Gitarre, so wird durch Zupfen einer Saite ein Ton erzeugt, dessen Höhe bei gegebenem Saitenmaterial und gegebener Spannung umgekehrt proportional zur Saitenlänge ist. Die Tonhöhe wird in Form der Frequenz der transversalen Schwingungen der Saite quantifiziert. Das „mittlere C" entspricht dabei einer Frequenz von 256 Hz. Wenn nun die Größe der Gitarre bis in den Mikrometer- oder Sub-Mikrometerbereich reduziert wird, was heute, wie in Abbildung 4.3 dargestellt, mittels Silizium-Mikrostrukturierungsmethoden möglich ist, so bleiben weiterhin die Gesetze der klassischen Mechanik gültig und die ansteigende Grundfrequenz der Gitarrensaiten folgt dem einfachen Skalierungsgesetz. Die Anregung der Saiten der miniaturisierten Gitarre erfolgt allerdings beispielsweise elektrisch und nicht durch mechanisches Zupfen. Auf diese Weise lassen sich mechanische Oszillationen im Gigahertz-Bereich (10^9 Hz) erzeugen. Derartige Oszillatoren, die auf mechanische Weise Frequenzen erzeugen, die denen der Taktfrequenzen heutiger Computer und elektromagnetischer Wellen im Zentimeterbereich entsprechen, sind relevant für ganz andere Anwendungen als diejenigen von Oszillatoren, die Audiofrequenzen erzeugen. Eine ultimative Grenze des Hinunterskalierens ist in diesem Fall durch die Vibrationsfrequenzen zwei-

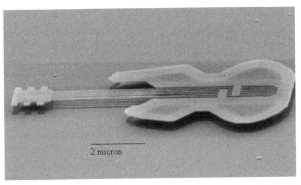

Abb. 4.3: Miniaturgitarre, hergestellt durch Mikrostrukturierung von Silizium (Carr und Craighead, Cornell University).

atomiger Moleküle, wie beispielsweise CO, gegeben, welche im Bereich von 10 bis 100 Terahertz (10^{13}–10^{14} Hz) liegen.

Heute lassen sich „Quantenpunkte", beispielsweise aus dem Verbindungshalbleiter Cadmiumselenid (CdSe), mit äußerst enger partikulärer Größenverteilung im Größenbereich von 4 bis 5 nm herstellen. Werden diese Quantenpunkte mit ultraviolettem Licht beleuchtet, so emittieren sie fluoreszentes Licht bei einer Farbe, die außerordentlich empfindlich von der Partikelgröße abhängt. Obwohl die Quantenpunkte aufgrund ihrer minimalen Ausdehnung häufig als „künstliche Atome" bezeichnet werden, so beinhalten sie mit größenordnungsmäßig 50 000 Atomen doch soviel elementare Bausteine, dass zu ihrer Beschreibung Konzepte der klassischen Festkörperphysik herangezogen werden können. Viele Eigenschaften der Nanopartikel, wie beispielsweise der interatomare Abstand, die Symmetrie der atomaren Anordnung oder auch die Bandlücke, sind praktisch nicht gegenüber dem Massivmaterial modifiziert. Allerdings „spüren" die Ladungsträger, die durch die Beleuchtung mit dem ultravioletten Licht freigesetzt werden, dass sie in den Nanopartikeln nur eine eingeschränkte Bewegungsfreiheit haben. Nach den Gesetzen der Quantenphysik steigt dadurch ihre Energie umgekehrt proportional zum Quadrat der Partikelgröße. Da aber die Energie der Ladungsträger die Farbe des emittierten Lichtes bestimmt, kann diese durch den Partikeldurchmesser exakt eingestellt werden. Auf diese Weise lassen sich Farben durch Variation des Partikeldurchmessers erzeugen. Dieser Effekt ist ein Beispiel dafür, dass zwar einerseits das Verhalten der Nanostrukturen durch einfache Skalierung beschreibbar ist, dass aber zusätzlich in zunehmendem

Umfang quantenphysikalische Phänomene eine Rolle spielen, die hingegen bei größeren Strukturabmessungen komplett vernachlässigbar sind.

Der große Gültigkeitsbereich von Skalierungsrelationen ist zurückzuführen auf die Stabilität der makroskopischen Eigenschaften der kondensierten Materie, häufig bis hinunter zu Abmessungen von circa 10 nm oder Volumina, die größenordnungsmäßig eine Million Atome umfassen. Selbst wenn die Grenze klassischer Skalierungsrelationen erst bei diesen kleinen Abmessungen erreicht ist, so müssen Konzepte der Quantenphysik und damit der Nanostrukturphysik häufig in jedem Fall verwendet werden, um die Eigenschaften kondensierter Materie zu beschreiben. Dies ist letztlich offensichtlich, da Atome und Moleküle selbst quantenphysikalischer oder nanophysikalischer Natur sind. Die eigentliche Herausforderung der Nanostrukturforschung besteht darin, jene Unterschiede im physikalischen oder chemischen Verhalten zu entschlüsseln, die an den Grenzen der Skalierungsgesetze auftreten.

Fazit: Klassische Skalierungsgesetze reichen im Allgemeinen hinunter bis zu strukturellen Abmessungen von 10 nm oder darunter. Neue Anwendungen bekannter Funktionsprinzipien resultieren aus der Variation physikalischer Größen um viele Größenordnungen bei Verkleinerung struktureller Abmessungen. Trotz der Möglichkeit des Hinunterskalierens erfordert die Beschreibung von Nanostrukturen die Berücksichtigung quantenphysikalischer Aspekte.

4.3 Maßschneidern neuer Eigenschaften

Durch Variationen der atomaren Zusammensetzung und Anordnung sowie der strukturellen Größe lassen sich auf der Nanometerskala Eigenschaften maßschneidern, die im Rahmen klassischer Herstellungsverfahren nicht erzielt werden können. Bereits diskutierte Beispiele sind das spezifische Verhalten von Fulleren-basierenden Materialien oder Bauelementen, mechanische Oszillatoren mit ultrahohen Schwingungsfrequenzen oder die größenabhängige Fluoreszenz von Halbleiternanopartikeln.

Im Bereich nanostrukturierter Massivmaterialien resultieren allgemein neue Eigenschaften aus dem drastisch erhöhten Grenzflächen-Volumen-Verhältnis, wie aus Abbildung 4.4 deutlich wird. Die Grenzflächen zwischen den Nanokristalliten sowie die Kristallite selbst haben Eigenschaften, die von denjenigen des homogenen Massivmaterials abweichen. Darüber hinaus ist im Allgemeinen die atomare Zusammensetzung in den Korngrenzen und

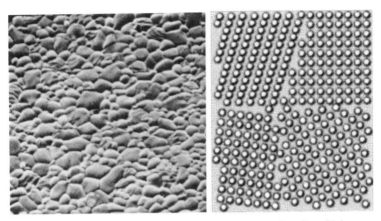

Abb. 4.4: Ungeordnetes nanophasiges Material mit einem großen Grenzflächen-zu-Volumen-Verhältnis. Links ist die gesinterte TiO_2-Keramik sichtbar, rechts schematisch die Anordnung der Moleküle und Kristallite.

Kristalliten unterschiedlich. Selbstverständlich sind auch die in Tabelle 4.1 aufgeführten Kombinationen unterschiedlicher Aggregatzustände in Form nanostrukturierter Materialien realisierbar. Ein bekanntes Beispiel ist das nanoporöse Silizium, welches sich durch Ätzen herstellen lässt. Im Gegensatz zu einem homogenen Siliziumkristall zeigt das nanoporöse Silizium Fluoreszenz und Elektrolumineszenz, weswegen große Hoffnungen in die technische Verwendbarkeit des Materials gesetzt wurden. Zu unterscheiden ist ferner zwischen ungeordneten nanostrukturierten Materialien, wie in Abbildung 4.4 dargestellt, und nanostrukturierten Kristallen, wie etwa dem Fullerenkristall, der in Abbildung 4.2 dargestellt ist. Das Pendant zum Schaum (siehe Tabelle 4.1) wären hier beispielsweise die Zeolite, bei denen es sich um poröse Materialien mit einer räumlich-symmetrischen Anordnung der Poren handelt. In die Poren lassen sich wiederum Nanopartikel oder Cluster einbringen, wie in Abbildung 4.5 schematisch dargestellt.

Es gibt zusätzlich eine Reihe von Übergangsformen zwischen ungeordneten nanostrukturierten Materialien und Nanokristallen. Hier wären z. B. nanostrukturierte Multilagen zu nennen, die in der Schichtebene einen durchaus ungeordneten poly- oder nanokristallinen Aufbau aufweisen können, aber in ihrer Schichtdicke und Aufeinanderfolge atomar scharf definiert sind. Anstelle von Schichten können auch andere Struktureinheiten mit unterschiedlicher Dimensionalität und in variierender, aber geordneter Abfolge

Abb. 4.5: Anordnung von Clustern in den symmetrisch angeordneten Poren eines Zeolits.

den Aufbau eines nanostrukturierten Materials definieren. Auch können Polymere verwendet werden, um durch Vernetzung von Nanokristalliten ein Kompositmaterial aufzubauen. Der Fantasie und den Synthesemöglichkeiten sind hier kaum Grenzen gesetzt.

Von großem Interesse ist es auch, mittels nanotechnologischer Methoden die Oberfläche konventionell hergestellter Materialien zu funktionalisieren. Auf diese Weise kombiniert man die probaten Eigenschaften des konventionellen Materials mit der nanotechnologisch erzeugten Funktionalität der Oberfläche. Diesbezügliche Anwendungsbeispiele sind im Kapitel 7 genannt.

Nanopartikel lassen sich bei hervorragend kontrollierbarer Größenverteilung im Allgemeinen mittels physikalischer und chemischer Methoden zum Teil in industriell relevanten Quantitäten herstellen. Am Beispiel der Abbildung 2.3 wurde bereits verdeutlicht, dass sowohl metallische als auch halbleitende Nanopartikel interessante optische Eigenschaften besitzen. Diese resultieren allerdings daraus, dass sich grundsätzlich die elektronischen Eigenschaften von Nanopartikeln von denen des entsprechenden Massivmaterials größenbedingt unterscheiden. Die elektronischen Eigenschaften sind aber letztlich maßgeblich für alle kooperativen Eigenschaften von Nanopartikeln, die damit auch letztlich alle stark vom Partikeldurchmesser abhängen. Zu nennen wäre hier beispielsweise die chemische Reaktivität, die im Falle stabiler Cluster, wie C_{60} oder Au_{55}, vergleichsweise gering ist und für Cluster, die keine „magische Anzahl" von Atomen und damit eine abweichende Größe besitzen, so groß sein kann, dass sich etwa Metallcluster unter Umgebungsbedingungen im Rahmen einer heftig verlaufenden Oxidation sofort selbst entzünden. In jedem Fall besitzen Nanopartikel ein sehr großes Oberfläche-zu-Volumen-Verhältnis, was eine ideale Voraussetzung zur Physi- oder Chemisorption weiterer Komponenten an der Oberfläche darstellt. Diese können die Partikel einfach nur stabilisieren, sie können aber auch als Element zum weiteren Maßschneiden der Eigenschaften der Nanopartikel verwendet werden. Ein offensichtliches Beispiel stellt hier die in Kapitel 7 weiter diskutierte Möglichkeit dar, Nanopartikel als Träger für pharmazeutische Wirkstoffe zu verwenden. Schließlich ist im Hinblick auf die Funktionalität von Nanopartikeln zu berücksichtigen, dass kollektive Eigenschaften eines Ensembles auch von der Wechselwirkung der Partikel untereinander abhängen, was eine weitere Möglichkeit zum Maßschneidern von Eigenschaften bietet.

Die Eigenschaften individueller nanoskaliger Bauelemente oder Komponenten lassen sich grob in elektronische, magnetische, optische, mechanische, thermische, chemische oder biologische unterteilen. Es sind dabei nicht nur gänzlich neue Funktionalitäten, die nanoskalige Komponenten technisch interessant sein lassen, von Interesse, sondern vor allem auch die bei geeignetem Verlauf der Skalierungsrelationen resultierenden Steigerungen der Leistungsfähigkeit herkömmlicher Funktionsprinzipien. Die Steigerung der Leistungsfähigkeit ist dabei häufig auf eine erhöhte Empfindlichkeit einer Nanokomponente gegenüber der Wechselwirkung mit der Außenwelt im Vergleich zu einem konventionellen Bauelement gegeben. Dies sei an folgenden Beispielen verdeutlicht:

- Es erscheint möglich, unter Verwendung von mechanischen Oszillatoren mit ultrahohen Resonanzfrequenzen eine Einzelmolekülanalytik zu realisieren. Bei den heute üblichen „künstlichen Nasen", die auf mikrostrukturierten Bauelementen basieren, ist die Anzahl der zum Nachweis benötigten Moleküle sehr viel größer.
- Lädt man einen elektrischen Kondensator unter heute üblichen Betriebsbedingungen (1,6 V, 1 nF) auf, um darin Ladung zu speichern – etwa zur Realisierung einer Informationseinheit in einem Halbleiterspeicher –, so sind an dem Ladevorgang mindestens 10^{10} Elektronen beteiligt. In Einzelelektronen-Tunnelkontakten, die als nanotechnologische Bauele-

mente bereits heute im Labormaßstab realisierbar sind, lassen sich elektrische Ströme durch einzelne Elektronen schalten, was in Anbetracht der Tatsache, dass einzelne Elektronen allgegenwärtig sind, die große Sensibilität gegenüber Wechselwirkungen mit der Umgebung unterstreicht.

Aus den diskutierten Beispielen wird deutlich, dass sich durch bloße Miniaturisierung von Bauelementen auf der Basis bekannter Funktionsprinzipien völlig neuartige Anwendungen erschließen lassen. Dies führt bereits jetzt, und in zunehmendem Maße mittelfristig, zur Konzeption neuartiger Produkte. Langfristig gesehen können nanotechnologische Ansätze durchaus auch völlig neuartige Funktionsprinzipien beinhalten. Diese sind Grundlage der durch den umstrittenen Visionär Eric Drexler konzipierten Bauelemente (Drexler 1990). So lassen sich mithilfe der molekularen Nanotechnologie (*Molecular Engineering*) Komponenten konzipieren, bei denen jegliche Reibungskräfte oder Viskositäten verschwinden. Stülpt man etwa zwei der in Abbildung 4.2 gezeigten Nanoröhrchen konzentrisch so übereinander, dass die Differenz der Radien nur etwa dem Abstand der Ebenen des Graphitgitters entspricht (siehe Abbildung 4.1), so ist der Zwischenraum zwischen den Nanoröhrchen so eng, dass weder feste noch flüssige Verunreinigungen, ja nicht einmal einzelne Atome, die Relativbewegung der Röhrchen verhindern können. Das so entstehende „molekulare Lager" justiert sich über ein Gleichgewicht zwischen anziehenden und abstoßenden Kräften zwischen den Nanoröhrchen selbst. Ein Beispiel dafür, dass reibungsfreie Bewegung wirklich existieren kann, liefert die Natur. Abbildung 4.6 zeigt einen Rotationsmotor, der aus einzelnen Biomolekülen aufgebaut ist und seine Energieaufnahme durch Zufuhr von Wasserstoffionen (Protonen) realisiert. Bei einem typischen Durchmesser von 8 nm und einer Länge von 14 nm werden bei Frequenzen von einigen Hertz Drehmomente von einigen $10 \, pN \cdot nm$ erzeugt. Der biologische Sinn derartiger Rotationsmotoren besteht darin, dass sie Drehmoment über die Zellmembran transmittieren. Ähnliche Motoren werden in Mitochondrien und Bakterienmembranen gefunden. Sie kommen damit bei primitiven Lebensformen vor und entstanden im Rahmen der Evolution bereits vor einer Milliarde Jahren. Die Motoren arbeiten kontinuierlich über die Lebensdauer einer Zelle, was darauf hindeutet, dass es sich um eine reibungsfreie Bewegung handelt.

Auch andere in der Natur beobachtete Funktionsprinzipien sind möglicherweise richtungsweisend für die Konzeption neuer technischer Bauelemente von minimaler Größe. So bilden die potenzialgesteuerten Ionenkanäle in der Zellmembran elektrisch betätigbare biologische Ventile. In diesem Sinne sind sie die Realisierung winziger Transistoren, die über eine

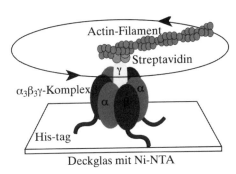

Abb. 4.6: Schematische Darstellung eines aus biologischen Funktionseinheiten zusammengesetzten Rotationsantriebes, der Abmessungen von nur wenigen Nanometern hat (Hartmann 2003).

elektrische Spannung einen Stromfluss steuern. Auch hier betragen charakteristische Abmessungen nur wenige Nanometer.

Die genannten Beispiele natürlicher Nanobauelemente verdeutlichen, worin eine besondere Bedeutung der Nanobiotechnologie liegt. Die Funktionsprinzipien biologischer Bausteine könnten in vielerlei Hinsicht wichtige Grundlagen für die Konzeption neuer technischer Bauelemente legen. In diesem Sinne könnte man von Bionik auf Nanometerskala sprechen (Nachtigall und Bluchel 2002, Hartmann 2003). In einigen Fällen könnte es sich sogar als realisierbar erweisen, komplette biologische Komponenten oder Teile daraus in technische Systeme direkt zu integrieren.

Ungeachtet der Realisierung und des Nachweises der Funktion einzelner isolierter Nanostrukturen stellen sich im Hinblick auf eine wirkliche technologische Anwendung verschiedene grundsätzliche Fragen:

- Welches sind die ultimativen Grenzen der Miniaturisierung?
- Mittels welcher Methoden lassen sich nanoskalige Objekte reproduzierbar und in ausreichender Stückzahl fertigen?
- Wie können Nanostrukturen an die Außenwelt angebunden werden?
- Wozu können die Strukturen verwendet werden?

Die granulare Struktur der Materie bildet offensichtlich ein fundamentales Limit für die Miniaturisierung. So ist kein Transistor vorstellbar, der kleiner ist als ein einziges Atom und damit kleiner als etwa 0,1 nm. Die zum Steuern elektronischer Bauelemente verwendete elektrische Ladung ist auf der Ebene heutiger Bauelemente der Mikroelektronik eine kontinuierliche

Größe. Dies ist geradezu eine Voraussetzung für die derzeit verwendeten Funktionsprinzipien. Andererseits ist seit fast 100 Jahren bekannt, dass auch die elektrische Ladung einen granularen Charakter hat und die Elementarladung eine ultimative Grenze bei der Miniaturisierung der Ladung darstellt.

Diese Beispiele ultimativer Miniaturisierungsgrenzen erwecken den Eindruck, als ließe sich irgendwann einmal mit absoluter Sicherheit eine atomare oder molekulare Nanotechnologie mit funktionalen Elementen von der Größenordnung einzelner Atome oder Moleküle durchführen. Bedenkt man andererseits, dass heute keine universellen Techniken bestehen, um beliebige Bauelemente oder ganze Maschinen mit Abmessungen von deutlich weniger als einem Millimeter herzustellen, so wird deutlich, dass sich derzeit hinsichtlich der Produktion molekularer Nanomaschinen keinerlei plausible Entwicklungsstrategien abzeichnen können. Die beachtlichen Miniaturisierungserfolge im Bereich der Mikroelektronik, wo es sich im Wesentlichen um zweidimensionale Anordnungen handelt, oder im Bereich der Mikrosystemtechnik, wo sich bislang Entwicklungen auf die Konzeption einiger Standardbauelemente bei Verwendung einer relativ eingeschränkten Materialauswahl beschränken, sind keineswegs eine Gewähr dafür, dass in ferner Zukunft eine molekulare Nanotechnologie realisierbar sein wird. Die einer solchen Technologie zugrunde liegende Problematik lässt sich an folgendem Beispiel verdeutlichen: Es ist für einen Chemiker keinerlei Problem, unter Verwendung der Gase Sauerstoff und Wasserstoff die ungeheure Anzahl von 10^{23} H_2O-Molekülen zu synthetisieren. Derartige Moleküle sind zweifellos, was ihre Größe betrifft, nahe an der ultimativen Miniaturisierungsgrenze. Derzeit stellt es jedoch ein nahezu unlösbares Problem dar, auch nur 1 000 dieser Moleküle in Mustern, wie in Abbildung 4.7 gezeigt, anzuordnen. Das Problem besteht also nicht darin, viele identische kleine Einheiten zu synthetisieren, sondern vielmehr darin, komplexe Strukturen aus molekularen Komponenten aufzubauen. Hier könnte vieles dafür sprechen, dass die tatsächlichen Miniaturisierungsgrenzen faktisch durch die biologischen Konzepte in Form der diskutierten Motoren, Ionenkanäle oder weiterer funktionaler Einheiten gegeben sind. Insbesondere diejenigen biologischen Konzepte, die sich über eine Milliarde Jahre nicht wesentlich geändert haben, könnten hier fundamentale Grenzen aufzeigen.

Die Produktion von Nanobauelementen nahe den Miniaturisierungsgrenzen ist mittels *Top-down*-Ansätzen nicht möglich, da es keine Werkzeuge gibt, die fein genug wären, um die Strukturen durch fortschreitende Miniaturisierung zu erzeugen. Darüber hinaus sind an komplexen Bauelementen, wie in Abbildung 2.1 dargestellt, immer Bereiche für ein Werkzeug unzu-

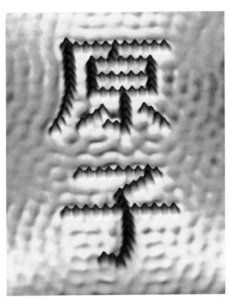

Abb. 4.7: Die japanischen Zeichen für „Atom", generiert durch Manipulation einzelner Atome (Lutzt und Eigler, IBM Almaden Research Center).

gänglich. Dies ist auch ein Grund dafür, dass „molekulare Assemblierer" (Drexler 1990), die eine Struktur Atom für Atom aufbauen, wie auch aus anderen Gründen nicht realisierbar sein können. Auch in der Biologie findet man kein Beispiel für einen universellen Assemblierer.

Bottom-up-Ansätze können ausschließlich auf der Selbstorganisation der einzelnen Bauelementekomponenten hin zum fertigen Bauelement beruhen. Durch Selbstorganisationsprozesse im thermodynamischen Ungleichgewicht entstehen auch die komplexesten biologischen Einheiten. Allerdings ist zu berücksichtigen, dass gerade im Hinblick auf Fulleren-basierende oder graphitartige Komponenten enorme thermische Energien benötigt werden, um die Strukturen zu formen. Auch müssen katalytische Prozesse gefunden werden, die die Bildung bestimmter Strukturen begünstigen. Unter optimalen Prozessbedingungen könnte dann eine gewisse Wahrscheinlichkeit bestehen, dass sich die gewünschten Strukturen bilden. Diese Wahrscheinlichkeit könnte allerdings verschwindend gering sein oder zumindest so gering, dass an eine Massenproduktion nicht zu denken ist.

Die diskutierten Beispiele verdeutlichen, dass die Naturgesetze völlig neue Funktionalitäten nanoskaliger Bauelemente durchaus zulassen. Die Realisierung wird im Einzelfall allerdings daran scheitern, dass bestimmte Bauelemente aus fertigungstechnischen Gründen grundsätzlich nicht realisierbar sind.

Fazit: Neue Funktionalitäten lassen sich maßschneidern durch Wahl der strukturellen Zusammensetzung eines Materials und durch die Größe struktureller Komponenten. Nanostrukturierte Werkstoffe, die sich in ungeordnete, kristallin geordnete und eine Reihe von Übergangsformen unterteilen lassen, weisen Eigenschaften auf, die sich nicht unbedingt im Rahmen herkömmlicher Werkstofftechnologien realisieren lassen. Eine besondere Bedeutung kommt nanostrukturierten Werkstoffoberflächen zu. Individuelle Nanobauelemente weisen eine erhöhte Sensitivität gegenüber Wechselwirkungen mit der Umgebung auf, was für gänzlich neue Funktionsprinzipien genutzt werden kann. Nahe der Miniaturisierungsgrenzen, die derzeit nicht präzise bekannt sind, sind zur Herstellung von Bauelementen nur Bottom-up-Ansätze denkbar, wobei bislang keinerlei plausible Strategien zur Herstellung dreidimensionaler Nanostrukturen bekannt sind.

5 Nanobiotechnologie

In vielerlei Hinsicht zeigt die Natur dem Menschen, wie „Nanotechnologie" effizient eingesetzt wird und wie perfektionierte Nanosysteme aufgebaut sind. Nicht erst im Bereich der Nanotechnologie hat man erkannt, wie sinnvoll es ist, im Hinblick auf technische Lösungen von den Lösungsstrategien der Natur zu profitieren. Die Übertragung biologischer Strategien auf die Lösung technischer Probleme wird als „Bionik" oder „Biomimetik" bezeichnet (Nachtigall und Bluchel 2002). Angewendet auf den Bereich der Nanotechnologie bedeutet ein biomimetisches Vorgehen, dass man versucht, beispielsweise molekulare Maschinen aufzubauen, die funktionalen Aggregaten, die man in Zellen findet, ähneln. Die größte Herausforderung und gleichzeitig die fundamentalste Strategie in diesem Bereich würde darin bestehen, die Prinzipien der biologischen Selbstorganisation auf die technische Herstellung von Werkstoffen oder Nanobauelementen anzuwenden. Aber auch die direkte Verwendung biologischer oder biochemischer Komponenten in technischen Systemen wird in Betracht gezogen.

Der Bezug der Nanotechnologie zur Biologie muss aber nicht einseitig bei der technischen Verwendung biologischer Strategien oder biologischer Materie gesehen werden. Auch die Nutzung von Nanosystemen zur Beeinflussung biologischer Systeme ist von großem technischen Interesse. Dies ist beispielsweise im Bereich der medizinischen Therapeutik evident, wo man sich vorstellen kann, dass nanoskalige Komponenten in entsprechenden Prothesen etwa zur Wiederherstellung von Sinneswahrnehmungen beitragen könnten.

Die Nanobiotechnologie ist der Bereich, der sich der wechselseitigen Beziehung zwischen Nanotechnologie, Biotechnologie und Biologie sowie Medizin und Pharmazeutik widmet. Nanobiotechnologische Entwicklungen gehören einerseits zu denjenigen, die bereits kurzfristig enorme industrielle Relevanz haben. Andererseits gibt es im Bereich der Nanobiotechnologie Perspektiven, die langfristig zu den wohl drastischsten technologischen Paradigmenwechseln beitragen werden. Aus diesem Grunde sollte im vorliegenden Kontext der Nanobiotechnologie ein breiterer Raum zur Diskussion gewidmet sein.

5.1 Begriffsbestimmung

Es ist festzustellen, dass der Begriff „Nanobiotechnologie" in der Literatur nicht einheitlich verwendet und zum Teil sinnentleert wird. In jedem Fall wird mit Nanobiotechnologie nicht ein Teilgebiet der Biotechnologie bezeichnet, sondern, wie einleitend bemerkt, diejenigen Bereiche der Nanotechnologie, die an den Grenzen zur Biotechnologie, Biologie, Medizin oder Pharmazeutik angesiedelt sind. Es handelt sich dabei allgemein um Nanotechnologie

- unter Nutzung von Bauplänen und Ordnungsprinzipen der Natur,
- unter Verwendung biologischer Bausteine und Materialen,
- in Kombination mit oder zur Unterstützung von biotechnologischen Prozessen,
- zur Realisierung biokompatibler und biofunktionaler Materialien und Systeme,
- zur Synthese biologischer Bausteine durch molekulare Strukturierung.

Gegenstand der Nanobiotechnologie sind damit zum einen technische Nanosysteme und zum anderen biologische Systeme mit funktionalen Komponenten auf der Nanometerskala (Hartmann 2003). Die technischen oder menschengemachten Systeme sind in den unterschiedlichsten industriellen Bereichen, so etwa bei den Werkstofftechnologien, bei den Informations- und Kommunikationstechnologien, bei den Energie- und Umwelttechnologien oder auch im Automotive-Bereich, von Bedeutung. Dagegen sind biologische Systeme Gegenstand der Biotechnologien, der Medizin, der Lebensmitteltechnologien oder auch der Agrartechnologien. Im Hinblick sowohl auf technische Nanosysteme als auch auf biologische Nanosysteme sind grundlegende naturwissenschaftliche Phänomene und daraus abgeleitete technologische Strategien von fundamentaler Bedeutung. Die Nutzung biologischer Strategien oder die konkrete Verwendung biologischer Komponenten in technischen Nanosystemen wird als „*Bio-to-nano*-Ansatz" bezeichnet, während die Verwendung technischer Nanosysteme zur Beeinflussung oder Ergänzung biologischer Nanosysteme konsequenterweise als „*Nano-to-bio*-Ansatz" bezeichnet wird (VDI-TZ 2004). Die Zusammenhänge sind in Abbildung 5.1 noch einmal in der Übersicht dargestellt.

Die *Bio-to-nano*-Vorgehensweise lässt sich anhand des folgenden fiktiven Herstellungsverfahrens zur Erzeugung von Flüssigkristallen, wie sie in Anzeigeeinheiten (*Displays*) verwendet werden, erläutern: Das fiktive Ziel besteht darin, Flüssigkristalle mit bestimmten makroskopischen Eigenschaften auf der Basis von Proteinen herzustellen. Die makroskopischen

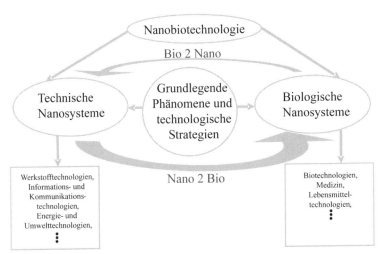

Abb. 5.1: Unterteilung der Nanobiotechnologie entsprechend ihres Anwendungsbereichs. Der Einsatz biologischer Strategien, Verfahren oder Komponenten in technischen Nanosystemen wird als *Bio-to-nano*-Ansatz bezeichnet, während die Verwendung technischer Verfahren oder Komponenten zur Optimierung biologischer Nanosysteme als *Nano-to-bio*-Ansatz bezeichnet wird.

Eigenschaften, wie z. B. die optische Anisotropie, haben ihre Ursache in der Struktur und der mikroskopischen Beschaffenheit der nanometergroßen Proteine sowie in ihrer geordneten Ansammlung, die ebenfalls ihren Ursprung auf der Nanometerskala hat. Wie in Abbildung 5.2 dargestellt, kann man zur Herstellung der Proteine auf etablierte biotechnologische Standardverfahren zurückgreifen, welche die entsprechende Sekretion des gewünschten Proteins zum Ergebnis hat. Danach führt ein weiterer, nunmehr typisch nanotechnologischer Produktionsschritt zur Selbstorganisation der hergestellten Proteine in einer genau definierten Weise, welche die gewünschten makroskopischen optischen Eigenschaften aufgrund der Beschaffenheit der entstehenden Flüssigkristalle zur Folge hat. Die Kombination der nanotechnologischen Fragestellung, der biotechnologischen Prozessroute und des anschließenden Selbstorganisationsprozesses, der ein typischer nanotechnologischer Prozessschritt ist, stellt exemplarisch das Vorgehen bei einem *Bio-to-nano*-Ansatz dar.

Einen *Nano-to-bio*-Prozess kann man sich anhand der folgenden Problemstellung vorstellen: Biologische Zellen und insbesondere Stammzel-

Nanotechnologie	Biotechnologie

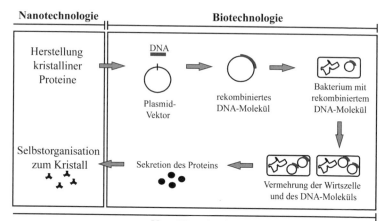

NanoBiotechnologie

Abb. 5.2: Beispiel einer nanobiotechnologischen Prozessroute unter Einbeziehung eines kompletten biotechnologischen Schrittes. Im gewählten Beispiel sollen Flüssigkristalle mit bestimmen makroskopischen Eigenschaften auf der Basis von Proteinen hergestellt werden. Da es um die Anwendung in einem technischen System geht, handelt es sich um einen *Bio-to-nano*-Ansatz. Ausgehend von einer nanotechnologischen Fragestellung erfolgt die Herstellung von Proteinen mittels etablierter Methoden der Biotechnologie. Über eine Selbstorganisation bilden sich Proteinkristalle, die als nanoskalige Komponenten eines technischen Systems fungieren.

len differenzieren sich je nach biologischer Umgebung, die beispielsweise durch den Kontakt mit anderen Zellen definiert wird (Alberts et al. 2004). Die Differenzierung von Zellen wird durch Signalfaktoren stimuliert, deren Beschaffenheit und Konzentration in der extrazellulären Umgebung von Bedeutung ist. Es konnte gezeigt werden, dass Zellen *in vitro* differenziert werden können, indem entsprechende Signalfaktoren appliziert werden, ohne dass die Zelle sich in ihrer natürlichen biologischen Umgebung befindet. Das Ergebnis der Differenzierung kann aber durchaus mit dem natürlichen biologischen Differenzierungsprozess übereinstimmen. Damit erscheint es grundsätzlich möglich, einen vorgegebenen Zelltyp aus differenzierbaren Stammzellen zu züchten, die sich keineswegs in ihrer natürlichen biologischen Umgebung befinden, sondern in einem technisch erzeugten, nanostrukturierten System. Ein solches System könnte beispielsweise in einer physikalisch-chemisch strukturierten Oberfläche bestehen, die durch Anbieten entsprechender Signalfaktoren den Differenzierungsprozess stimuliert. Der gewünschte Zelltyp würde dann aufgrund der Zell-Oberflächen-

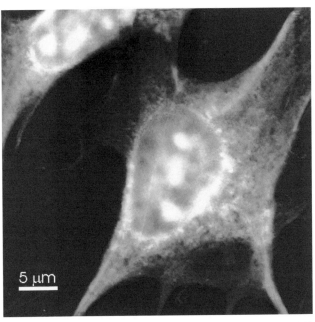

Abb. 5.3: Eine Fibroblastzelle auf einer Glasoberfläche. Die Zell-Oberflächen-Wechselwirkung besteht hier in der Entstehung adhäsiver Wechselwirkungen, welche die Zelle auf der Oberfläche halten, ihr aber dennoch eine Lateralbewegung gestatten.

Wechselwirkung zustande kommen, wobei die technisch hergestellte funktionale Oberfläche der sich differenzierenden Zelle quasi eine Zellumgebung vortäuschen würde (siehe Abbildung 5.3). Hier würde also ein technisches Nanosystem – die physikalisch und chemisch funktionalisierte Oberfläche – ein biologisches System modifizieren und so den biotechnologischen Prozess optimieren.

Fazit: Die Nanobiotechnologie hat zum Gegenstand die Nutzung technischer Nanosysteme zur Beeinflussung oder Ersetzung biologischer Systeme sowie die Nutzung biologischer Strategien oder Komponenten zur Optimierung nanoskaliger technischer Systeme. Dementsprechend unterscheidet man zwischen *Nano-to-bio*-Verfahren und *Bio-to-Nano*-Verfahren.

5.2 *Nano-to-bio*-Technologien

Die Nutzung technischer Nanokomponenten und -systeme zur Optimierung biologischer oder biotechnologischer Prozesse konzentriert sich grob auf folgende Anwendungsbereiche:

- Medizin und Pharmazie,
- Agrartechnologien,
- Lebensmitteltechnologien,
- Umwelttechnologien,
- militärische Technologien.

Wenngleich in allen genannten Bereichen zum Teil beeindruckende Ergebnisse der Nanostrukturforschung bereits präsentiert wurden, so ist doch aus heutiger Sicht die wirtschaftliche Relevanz sehr unterschiedlich stark sichtbar. Die weitaus größten kurz- und mittelfristigen Entwicklungsperspektiven ergeben sich für den Bereich Medizin und Pharmazeutik.

Ein außerordentlich großes Anwendungspotenzial besitzen bioaktive Materialien und Oberflächen. „Biophile" Materialien fördern das Zellwachstum, was beispielsweise zum besseren Einwachsen von Implantaten führen kann. Demgegenüber kann über „biophobe" Materialien und Oberflächen die Einlagerung biologischer Materie vermindert werden, was wiederum beispielsweise für die innere Oberfläche von Gefäßprothesen relevant ist. Biozide Oberflächen sind die Basis für völlig neuartige Ansätze im Bereich der Hygiene. Bei allen genannten Oberflächenfunktionalitäten ist das Besondere an nanobiotechnologischen Ansätzen, dass nicht oder nicht allein eine chemische Funktionalisierung der Oberfläche zum gewünschten Verhalten führt, sondern vielmehr gleichsam eine physikalisch-chemisch-biochemische Landschaft auf Nanometerskala erzeugt wird, die eine bestimmte Funktionalität, die allein aufgrund einer physikalischen oder chemischen oder biochemischen Behandlung der Oberfläche nicht erreicht werden kann, aufweist.

Nanopartikel aus anorganischen, organischen oder anorganisch-organischen Kompositbestandteilen sind von großer Bedeutung für Zwecke der Diagnostik und Therapie. Im Bereich der Diagnostik werden Nanopartikel, die wiederum an ihrer Oberfläche biochemisch funktionalisiert sein können, insbesondere als hochspezifisches Kontrastmittel eingesetzt. Dabei ist von Bedeutung, dass unter Verwendung von Partikeln teilweise biologische Barrieren überwindbar sind, die sich mittels konventioneller Vorgehensweisen als undurchdringlich erweisen. Diesen Vorteil nutzt man auch bei der Verwendung von Nanopartikeln im Rahmen neuer therapeutischer Ansätze. So lassen sich bestimmte medikamentöse Wirkstoffe, gebunden an der Oberfläche von Nanopartikeln oder auch im Inneren der Partikel, besser über biologische Barrieren hinweg transportieren und zielgerichteter deponieren als dies bei Applikation des Wirkstoffes ohne Trägersubstanz (*carrier*) der Fall wäre (*drug delivery, drug targeting*). Die Verwendung von Nanopartikeln ermöglicht auch bisher nicht verfügbare externe Einflussmöglichkeiten, wie die lokale Erzeugung von Temperaturvariationen (*Hyperthermie*) oder die extern getriggerte Freisetzung des Wirkstoffes.

Ein anderes großes Anwendungsfeld im *Nano-to-bio*-Bereich der Nanobiotechnologie ist die Konzeption, Herstellung und Anwendung von Bio*chips*. Hier ist die generelle Tendenz, immer mehr und immer komplexere analytische Verfahrensschritte weitestgehend automatisiert in mikrofabrizierten *fluidischen* Bausteinen (*Chips*) durchzuführen. Der schematische Aufbau mit repräsentativen Beispielen für einzelne Verfahrensschritte ist in Abbildung 5.4 dargestellt. Wenn in einem Bio*chip* präparative Vorgänge wie Materialtransport, Separation, Mischung, Behandlung sowie zusätzlich eine komplexe Analytik durchgeführt werden, so beinhaltet dieser *Chip quasi* die Funktion eines kompletten Labor (*lab on a chip*). Die Verfügbarkeit solcher *Chips* begünstigt Hochdurchsatzverfahren und eine schnelle, individuelle Bioanalytik. Damit sind Bio*chips* eine wichtige Voraussetzung für die Hinwendung zu einer Individualmedizin. Unterschieden wird häufig zwischen DNS-*Chips*, Protein*chips* und Zell*chips*. Nanotechnologische Beiträge bei der Entwicklung der *Chips* bestehen derzeit vor allem bei der Einbeziehung nanostrukturierter Materialien und Oberflächen. Mittel- bis langfristig ist das Entwicklungspotenzial der Nanobiotechnologie im Bereich der *Chip*-Techniken außerordentlich hoch.

Ein weiterer Bereich, in dem *Nano-to-bio*-Ansätze als viel versprechend eingestuft werden, ist die Entwicklung von Prothesen, die zur Wiederherstellung von Sinneswahrnehmungen dienen. Konkret sind *Retina*- und *Cochlea*-Implantate zu nennen. Es ist evident, dass weitere Miniaturisierungsschritte in diesem Bereich wünschenswert wären. Allerdings eröffnet die Nanobiotechnologie hier wohl erst langfristig gänzlich neue Perspektiven. Andererseits spielt auch der Einsatz biofunktionaler Materialien bei der Herstellung optimierter aktiver Implantate eine beträchtliche Rolle. Langfristig betrachtet, könnte die Nanobiotechnologie völlig neue Schnittstellen zwischen biologischen Systemen und der Umwelt ermöglichen.

Wie bereits einleitend beispielhaft erwähnt, könnte die Zellprogrammierung über technische Systeme ein enormes Zukunftspotenzial haben. Vorstellbar wären hier etwa komplette Bioreaktoren in Form mikro*fluidischer Chips*, die eine gezielte Programmierung von Stammzellen ermöglichen.

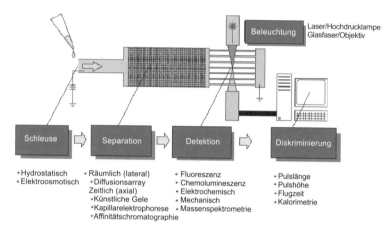

Abb. 5.4: Beispiel für die Realisierung eines *Lab-on-a-chip*-Ansatzes. Alle schematisch dargestellten Komponenten sind im Idealfall in einen mikro*fluidischen* Chip integriert.

Das Herzstück eines solchen *Chips* wäre eine nanoskalig funktionalisierte Oberfläche, die über Zell-Oberflächen-Wechselwirkungen zu der gewünschten Differenzierung der Stammzelle führt.

Von sehr großer Bedeutung ist auch die Einbeziehung von Nanotechnologien zur Realisierung völlig neuartiger analytischer Verfahren. Dabei sind besonders wichtig solche analytische Verfahren, die Zugriff auf einzelne nanoskalige biologische Objekte gestatten. Allen voran sind hier sicherlich die Rastersondenverfahren zu nennen (siehe Abschnitt 6.1). Im Bereich der Biodetektoren haben sich mikrostrukturierte, biofunktionalisierte Schwingungselemente aus Silizium als viel versprechend erwiesen, die sich als „künstliche Nasen" betreiben lassen. Bei Anlagerung der entsprechenden Spezies von Biomolekülen an die funktionalisierte Sensoroberfläche (Schlüssel-Schloss-Mechanismus) verändern die Sensoren ihre Schwingungseigenschaften und man kann auf das Vorhandensein der entsprechenden Spezies schließen. Verwendet man eine Vielzahl solcher mikrostrukturierter Sensoren parallel, so lassen sich auch komplexe Stoffgemische detektieren.

In der Agro-Nanobiotechnologie sind *Nano-to-bio*-Ansätze relevant für die Entwicklung neuer Pestizide und Düngeverfahren sowie für die Zellprogrammierung und den biologischen Abbau. Im Bereich der Lebensmitteltechnologie sind von besonderem Interesse die Entwicklung von biokompatiblen Reinigungsverfahren, von Verfahren zur Quantifizierung und Optimierung von Qualität und Nachhaltigkeit und Methoden zur Optimierung des biologischen Abbaus. Innovative Umwelttechnologien beinhalten den Abbau von Schadstoffen, *Dekontamination* und *Recycling*-Verfahren.

Über *Nano-to-bio*-Ansätze im Bereich neuer Militärtechnologien ist naturgemäß wenig bekannt. Allerdings ist evident, dass weltweit und insbesondere in den USA nicht unbeträchtliche Fördermittel in diesen Bereich fließen, was auf entsprechende Entwicklungsaktivitäten schließen lässt.

Fazit: Der *Nano-to-bio*-Bereich bietet bereits gegenwärtig Technologien mit beträchtlichem wirtschaftlichen Potenzial. Vorrangig zu nennen sind hier der Einsatz biofunktionaler Materialien und Oberflächen für medizinische und biotechnologische Zwecke sowie die Verwendung von Partikeln im Rahmen neuer pharmazeutischer Ansätze. Darüber hinaus gibt es Potenzial bei der weiteren Entwicklung der Bio*chips* sowie aktiver Implantate. Von indirekter, aber großer Bedeutung ist die Entwicklung neuer analytischer Verfahren unter Einbeziehung nanotechnologischer Komponenten.

5.3 *Bio-to-nano*-Technologien

Das fundamentalste, ehrgeizigste und langfristigste Ziel in diesem Bereich ist die Nutzung biologischer Prinzipien und Strategien zur Herstellung von technischen Nanosystemen. Biologische Systeme wurden im Verlauf der Evolution in einer Weise optimiert, die auch für technische Anwendungen vorteilhaft und damit relevant wäre. Als Beispiel für ein hoch effizientes biologisches Selbstorganisationsverfahren sei die in Abbildung 5.5 schematisch dargestellte Entstehung von Tabakmosaikviren betrachtet. Bei den Viren handelt es sich um helixförmige Nanoteilchen mit charakteristischen Dimensionen von 300 nm × 18 nm. Das Virus setzt sich myriadenfach aus 2 130 identischen Proteineinheiten zusammen, jede mit 158 Aminosäureresten. Der RNA-Strang besteht aus 6 400 Nukleotiden. Die Produktion der Viren läuft in einer komplexen biochemischen Umgebung, fernab vom thermodynamischen Gleichgewicht, ab. Die Fehlerhäufigkeit ist außerordentlich gering und der Produktionsprozess schließt Selbstheilungsmechanismen ein. Der Materialaufwand ist denkbar gering und der Produktionsprozess höchst effizient. Letztlich besteht der gesamte Prozess in der Ausnutzung hierarchisch gestaffelter und teilweise hochgradig spezifischer intermolekularer Wechselwirkungen. Es ist evident, dass eine entsprechende Herstel-

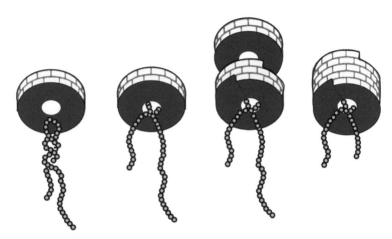

Abb. 5.5: Selbstorganisation des Tabakmosaikvirus. Das Virus besteht aus 2 130 identischen Proteineinheiten, jede mit 158 Aminosäureresten. Der RNA-Strang besteht aus 6 400 Nukleotiden. Das komplette Virus hat Dimensionen von ca. 300 nm × 18 nm.

lung funktionaler Komponenten oder kompletter Nanosysteme in „Molekularfabriken" ein völlig neues, universelles und maximal leistungsfähiges Produktionsprinzip darstellen würde. Allerdings sind wir im Hinblick auf unser Verständnis der fundamentalen Prozesse noch sehr weit entfernt von der Nutzung von Selbstorganisationsprozessen zur Herstellung von Nanostrukturen, die in ihrer Komplexität vergleichbar mit einem Virus wären.

Eine andere *Bio-to-nano*-Stoßrichtung besteht darin, biologische Komponenten zur Optimierung technischer Systeme zu verwenden. Die biologischen Komponenten könnten hier beispielsweise in funktionalen Molekülen – etwa DNS oder Proteine – bestehen, oder auch in größeren Baueinheiten, wie beispielsweise biologischen Motoren (Hartmann 2003). Die Verwendung biologischer Komponenten setzt in jedem Fall voraus, dass diese von ihrer natürlichen biologischen Umgebung separiert und in ein technisches System transferiert werden können. Abbildung 5.6 zeigt exemplarisch DNS-Moleküle auf einer Festkörperoberfläche in ihrer nativen, ungeordneten Ansammlung und in einem hochgradig geordneten Muster, welches prinzipiell für eine technische Anwendung, beispielsweise für die Leitung von elektrischem Strom, geeignet sein könnte. Hervorstechende Merkmale der DNS-Moleküle bestehen in ihrer Geometrie, die sie für nanoskalige Anwen-

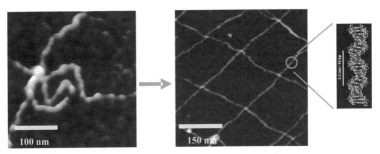

Abb. 5.6: Das linke Bild zeigt einzelne DNS-Stränge in nativer Form auf einer Glimmer-oberfläche, sichtbar gemacht mit dem Rasterkraftmikroskop. Das rechte Bild zeigt ein Muster aus DNS-Strängen, das mittels eines als „molekulares Kämmen" bezeichneten Prozesses erzeugt wurde (Hu et al. 2002).

dungen interessant macht, in ihrer chemischen Inertheit, in ihrer Fähigkeit, in außerordentlich dichter Form Informationen zu speichern, sowie in einer Reihe interessanter physikalischer Eigenschaften (Hu et al. 2002).

Anwendungen für biologische Komponenten gibt es nicht nur im Bereich von Verfahren und Bauelementen sondern prinzipiell auch bei der Herstellung völlig neuartiger Kompositmaterilien. So wäre es denkbar, wie in Abbildung 5.7 dargestellt, Biopolymere in Kombination mit organischen oder auch anorganischen Partikeln zur Herstellung neuartiger Kompositwerkstoffe zu verwenden. Bei einer Vielzahl biologischer Moleküle oder Funktionseinheiten lassen sich potenzielle Anwendungen in technischen Nanosystemen identifizieren (Nimeyer und Mirkin 2004, Goodsell 2004 und Kumar 2005). Ein generelles Anwendungspotenzial von *Bio-to-nano*-Strategien besteht in folgenden Bereichen:

- Informations- und Kommunikationstechnologien,
- Mikro*fluidik*,
- Energieerzeugung,
- Werkstoffe,
- allgemeine Verfahrensentwicklungen.

Im Bereich der Informations- und Kommunikationstechnik sind langfristig neue Systemarchitekturen auf der Basis der Selbstorganisation von Biomolekülen denkbar. Molekularelektronische Bauelemente könnten photoelektrische Komplexe beinhalten. Datenspeicherung auf der Basis von DNS oder Bacteriorhodopsin ist zumindest erwogen worden, genauso wie

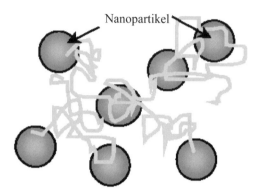

Abb. 5.7: Biokomposite, die beispielsweise aus durch Biopolymere vernetzten keramischen Nanopartikeln bestehen, können die Basis für völlig neuartige Funktionswerkstoffe sein.

die Verwendung von DNS zur Durchführung bestimmter Berechnungen. Die Verwendung biologischer Systeme zur Konzeption neuer Sicherheitssysteme, Kopierschutzverfahren oder auch Kodierungsverfahren erscheint denkbar. Neuronale Netzwerke dienen bereits jetzt als Vorbild zur Durchführung bestimmter informationstechnischer Prozesse.

In mikrofluidischen Systemen ist der Einsatz biologischer Linear- oder Rotationsmotoren, Aktoren oder Schalter denkbar. Anwendungen wären hier zu sehen in folgenden Bereichen:

- gerichteter Transport von Wirkstoffen,
- Pumpen und Ventile,
- Sortierung und Verteilung,
- Reaktionskontrolle,
- Erkennung und Kartierung,
- Sensorik.

Im Hinblick auf die dezentrale Energieerzeugung könnten „Lichtsammelantennen" für photochemische Prozesse in Mikrokapseln interessant sein, genauso wie die lichtgetriebene ATP-Produktion (ATP: Adenosin-5'-Triphosphat). Als wesentlich anwendungsnäher werden bestimmte Bereiche der biomimetischen Photovoltaik betrachtet. Zu diesem Bereich ist auch die Grätzel-Zelle zu rechnen, die eine konkrete Anwendungsrelevanz besitzt.

Im Bereich der Werkstoffe sind Templat- und Hybridstrukturen in Bezug auf ihre Funktionalität außerordentlich interessant. Ebenfalls wäre denkbar, biologische Membranen als Molekülfilter einzusetzen. Anwendungen biologischer Materialien bestehen auch in der Textilindustrie, beispielsweise im Bereich der Biokompatibilität oder der Entwicklung innovativer Reinigungsverfahren. Von konkreter Anwendungsrelevanz ist der Einsatz biologischer Materialien zur Realisierung neuer Biosensoren in der medizinischen Diagnostik. Biomimetische Materialien wie Di- und Triblock-Copolymere besitzen bereits einen breiten Anwendungsbereich.

Für die allgemeine Verfahrensentwicklung besteht, wie bereits einleitend erwähnt, ein großes Interesse an der Nutzung biologischer Prinzipien und Strategien. Zu nennen sind hier vor allem Selbstorganisation, Selbstreplikation und Selbstreparatur. Auch die Biomineralisation stellt ein potenziell technisch außerordentlich interessantes Verfahren dar, das allerdings bislang noch unzureichend verstanden ist.

Fazit: Der *Bio-to-nano*-Bereich umfasst eine ganze Reihe biologischer Verfahren und Strategien, die potenziell außerordentlich interessant für die Herstellung technischer Nanosysteme sind. Darüber hinaus bieten sich zahlreiche biologische Moleküle oder Komponenten für eine direkte Nutzung in technischen Systemen an.

6 Standardverfahren der Nanotechnologie

Die Produktion eines Werkstoffes oder Bauelementes setzt voraus, dass es geeignete präparative und analytische Verfahren gibt. Letzteren kommt dabei die Bedeutung zu, die erzielten Eigenschaften zu analysieren und mit entsprechenden Vorgaben oder Erwartungen zu vergleichen. Im Hinblick auf eine Massenproduktion müssen präparative und analytische Verfahren natürlich Rahmenbedingungen erfüllen, die sich bei Einzel- oder Sonderanfertigungen nicht stellen. Analytische Verfahren besitzen hier dann insbesondere eine hohe Relevanz für die Qualitätssicherung.

In Kapitel 4 wurde erläutert, dass es durchaus präparative Verfahren zur Herstellung nanostrukturierter Werkstoffe und von Nanopartikeln gibt, die zumindest zum Teil das Potenzial für eine industrielle Fertigung bieten. Nanobauelemente oder Bauelementekomponenten betreffend gibt es dagegen erste Resultate eher im Labormaßstab. Im Hinblick auf biologische Nanostrukturen konzentrieren sich derzeit die Strategien hauptsächlich auf eine Isolierung der Komponenten und ihre Etablierung innerhalb einer „technischen Peripherie" zum Zwecke der Analyse von Funktionsprinzipien und Einsatzmöglichkeiten.

Analytischen Werkzeugen kommt bereits innerhalb der Nanostrukturforschung eine dominierende Bedeutung zu. Sie werden benötigt zum Auffinden und Analysieren bereits existierender Nanostrukturen. Als Beispiel seien hier biologische Strukturen genannt. Sie werden aber auch benötigt zur Charakterisierung synthetischer Nanostrukturen und zur Überwachung präparativer Schritte. Bei einer Produktion schließlich ist es erforderlich, Eigenschaftsmerkmale, wie beispielsweise eine Oberflächenrauigkeit, auf Nanometerskala zu überwachen.

Die Entwicklung präparativer Verfahren der Nanotechnologie ist nur dann zielgerichtet möglich, wenn analytische Verfahren zur Überwachung des Ergebnisses existieren. In diesem Sinne sind analytische und präparative Verfahren eng miteinander verwoben. Selbst wenn es für nanostrukturierte Materialien, für Nanopartikel oder auch individuelle Nanobauelemente im Allgemeinen noch keine Standardherstellungsstrategien gibt, so lassen sich doch einerseits Trends ausmachen und andererseits Entwicklungsbedarfe definieren.

Die industrielle Fertigung bringt offensichtlich sowohl für analytische als auch präparative Verfahren Rahmenbedingungen mit sich, die in der Nanostrukturforschung und im Entwicklungsstadium in dieser Form nicht bestehen.

6.1 Analytische Verfahren

Die Vermessung einer Detailstruktur oder eines kompletten Objekts besteht darin, die Geometrie im Idealfall in drei räumlichen Dimensionen mit hinreichender Präzision quantitativ zu erfassen. Gegenstand einer analytischen Charakterisierung ist zudem die Erfassung bestimmter funktionaler Eigenschaften der Struktur oder des Objekts, wie beispielsweise chemische Zusammensetzung, elektronisches Transportverhalten, mechanische Härte oder etwa optisches Verhalten.

Um geometrische oder funktionale Eigenschaften zu erfassen, muss die zu untersuchende Struktur mit einer geeigneten Sonde analysiert werden. Wie in Abbildung 6.1 dargestellt, besteht der Charakterisierungsvorgang

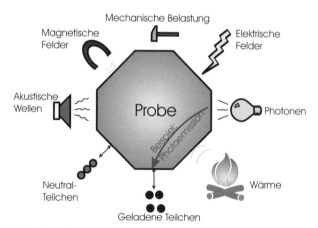

Abb. 6.1: Grundlage der Analytik ist die Reaktion einer Probe auf externe Stimuli. Als Reaktion auf einen Stimulus, der beispielsweise im Beleuchten der Probe, in einem Aussetzen gegenüber magnetischen Feldern oder in einer mechanischen Belastung bestehen könnte, reagiert die Probe beispielsweise in Form der Emission von Photonen (elektromagnetischen Wellen), geladenen Teilchen oder Erwärmung. Die gewählte Kombination aus Stimulans und Reaktion definiert das entsprechende analytische Verfahren.

darin, dass die Probe aufgrund geeigneter durch die Sonde hervorgerufener Stimuli in Form bestimmter physikalischer Informationen „antwortet" und mittels eines geeigneten Detektors die physikalische Reaktion der Probe sondiert wird. In einem konventionellen Lichtmikroskop besteht der Probenstimulus im einfallenden sichtbaren Licht, welches in bestimmter Weise von der Probe reflektiert oder durch sie transmittiert wird. Die Reaktion der Probe auf diese Stimulans wird dann in Form einer Intensitätsverteilung mit dem Auge oder einer Kamera detektiert. In diesem Fall besteht also sowohl die Sonde als auch das von der Probe als Reaktion auf die Sonde ausgesandte Licht in elektromagnetischen Wellen oder Photonen. Die optische Sonde ermöglicht es, Informationen über die geometrische Dimension eines hinreichend großen Objekts zu erhalten und gestattet darüber hinaus die Erfassung weiterer funktionaler Eigenschaften, wie etwa der Farbe des Objekts oder der Fähigkeit zur Fluoreszenz.

Abbildung 6.1 verdeutlicht, dass wir heute über mannigfaltige apparative Möglichkeiten zur Analyse verfügen, wobei die physikalischen Stimuli wie auch Antwortsignale der zu analysierenden Struktur geladene oder ungeladene Teilchen, Felder oder Wellen sein können. Die resultierenden Kombinationsmöglichkeiten zwischen Stimulus und physikalischer Antwort der Probe ermöglichen dann die Erfassung unterschiedlichster funktionaler Eigenschaften einer Probe. Dabei muss allerdings berücksichtigt werden, dass die Stimulans der Probe durch eine Sonde grundsätzlich bedeutet, dass *a priori* die Probeneigenschaften durch die Anwesenheit der Sonde beeinflusst werden, da sich ja Sonde und Probe in einer physikalischen Wechselwirkung befinden. Diese Wechselwirkung kann im Extremfall sogar destruktiv sein, wie es der Fall wäre, wenn beispielsweise ein biologisches Objekt nicht mit den niederenergetischen Photonen des sichtbaren Lichts, sondern mit hochenergetischer harter Röntgenstrahlung analysiert würde.

Neben der Wahl einer geeigneten Sonden-Detektor-Kombination ist von grundsätzlicher Bedeutung, gerade für die Untersuchungen von Detailstrukturen oder kleiner individueller Objekte, dass Informationen global oder lokal gewonnen werden können. Global bedeutet dabei, dass der geometrische Bereich, aus dem die Informationen gewonnen werden, sehr viel größer ist als die strukturelle Dimension, über die man Informationen erhalten möchte. Lokal bedeutet demgegenüber, dass die Analyse eine räumliche Auflösung liefert, die mindestens hoch genug ist, um die individuelle zu analysierende Struktur aufzulösen. Dabei ist bemerkenswert, dass nicht nur geometrisch hochauflösende mikroskopische Verfahren Informationen über ultrakleine Strukturen liefern. Als Beispiel mag hier die Analyse von Strukturen mittels eines Röntgenstrahls dienen.

Zu Beginn der fünfziger Jahre des vorigen Jahrhunderts befasste sich der amerikanische Biologe James Watson mit der Aufklärung der Struktur der DNS (Desoxiribonuklein-Säure). Zu diesem Zeitpunkt war bereits eine neuartige Proteinstruktur, die α-Helix, bekannt, die der amerikanische Biologe Linus Pauling mittels Röntgenstrukturanalyse entdeckt hatte. Zusammen mit dem englischen Physiker Francis Crick arbeitete Watson in Cambridge bei dem Nobelpreisträger Laurence Bragg, einem Pionier der Röntgenstrukturanalyse. Ebenfalls mit der Strukturaufklärung der DNS befasst waren in London Maurice Wilkins und Rosaline Franklin, die zunächst eine Dreifachhelix als Strukturmodell postulierten. Im Jahre 1953 schließlich publizierten Watson und Crick die Struktur einer Doppelhelix, die sie durch Vergleich der Röntgendaten mit Pappmodellen ableiteten (Watson und Crick 1953). Im Jahre 1962 wurde Watson, Crick und Wilkins der Nobelpreis für Medizin für die Aufklärung der Struktur der DNS verliehen.

Abbildung 6.2 zeigt schematisch das Vorgehen bei der Röntgenstrukturanalyse der DNS-Stränge. Es gelang, viele identische Stränge in Form eines geordneten Ensembles auszukristallisieren. Der Röntgenstrahl, der einen Durchmesser hat, der sehr viel größer ist als die Breite der Helix (Nanometerbereich), wird an den vielen hoch symmetrisch geordneten Strukturen gebeugt und das Beugungsmuster (unterer Bereich der oberen Abbildung) beinhaltet in Form von Intensitätsvariationen Information über die atomare und molekulare Struktur der Probe. Die forscherische Leistung der genannten Wissenschaftler bestand im Wesentlichen darin, dass es ihnen gelungen ist, die DNS kristallin zu präparieren und in der Interpretation der Beugungsmuster in Form einer Helixstruktur. Hingegen war es nicht so, dass bei der Untersuchung der DNS eine extrem hohe Ortsauflösung realisiert wurde. Die Röntgenstrukturanalyse wurde bereits lange vorher erfolgreich zur Aufklärung der Struktur von Kristallen und zur Vermessung der atomaren Gitterkonstante eingesetzt, wobei Letztere typischerweise im Längenbereich von einem zehntel bis mehreren zehntel Nanometer liegt. Ebenfalls dargestellt in Abbildung 6.2 ist eine rastersondenmikroskopische Aufnahme von DNS, auf der das nur wenig mehr als einen Nanometer breite Molekül deutlich zu erkennen ist. Da Rastersondenmikroskope – wie im Folgenden näher ausgeführt – eine genügend hohe Auflösung liefern, lässt sich das DNS-Molekül direkt abbilden, während unter Verwendung eines beugenden oder streuenden Verfahrens die Struktur aus der Intensitätsverteilung rekonstruiert werden muss. Allerdings zeigt die rastersondenmikroskopische Abbildung nicht die Helixstruktur des Moleküls, da sie in diesem Fall nicht genügend hochauflösend ist. Wenngleich die Helixstruktur sich aus höheraufgelösten rastertunnelmikroskopischen oder rasterkraftmikroskopischen Aufnahmen

Auskristallisation eines
Ensembles,
Röntgenkristallographische
Untersuchung

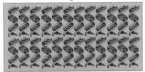

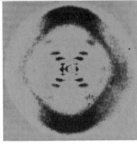

Untersuchung von
Einzelopbjekten,
z.B. mit dem
Rastertunnelmikroskop

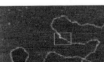

Substrat

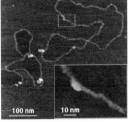

100 nm   10 nm

Abb. 6.2: Unterschiede im Vorgehen bei der Verwendung mittelnder und örtlich hochauflösender Verfahren. Die Röntgenbeugung als mittelndes Verfahren ermöglichte die Strukturaufklärung an der DNS, weil es gelang, ein Ensemble von hinreichend vielen identischen DNS-Strängen zu kristallisieren. Das Röntgenbeugungsmuster (oberer Bildbereich) beinhaltet charakteristische Reflexe, die auf den Aufbau des einzelnen Moleküls – in diesem Fall auf die Helixstruktur – schließen lassen, da alle Moleküle völlig identisch aufgebaut sind. Die rastertunnelmikroskopische Aufnahme an einzelnen DNS-Strängen (unterer Bildbereich) ermöglicht zwar bei echter Hochauflösung das Studium von Detailstrukturen der Stränge, liefert aber im vorliegenden Fall keinen Anhaltspunkt für die Helixstruktur.

erahnen lässt, ist fraglich, ob eine detaillierte Strukturaufklärung, wie sie bereits 1953 durchgeführt wurde, ausschließlich mittels Rastersondenverfahren möglich gewesen wäre.

Beugungs- oder Streumethoden liefern wichtige Beiträge zur Aufklärung struktureller Details auf atomarer und Nanometerskala. Sie sind von enormer Bedeutung bei der präzisen Vermessung charakteristischer Abmessungen periodisch angeordneter Strukturen, wie beispielsweise der Atome in einem Kristall oder der Bindungslängen innerhalb von Proteinen, die sich zu Kristallen periodisch anordnen lassen. Hingegen sind die Verfahren, die gleichsam über eine große Anzahl periodisch angeordneter Objekte mitteln, nicht in der Lage, auf Nanometer- oder *Sub*-Nanometerskala individuelle Variationen einer Struktur zu erfassen. So kann beispielsweise mittels Röntgen- oder Elektronenbeugung nicht auf das Fehlen einzelner Atome in der Oberfläche eines Silziumkristalls geschlossen werden oder sogar die Position der Fehlstellen angegeben werden. Eine in jedem beliebigen Bereich eines Bildes atomare Auflösung ist hingegen mit den Rastersondenverfahren zu erzielen, wie Abbildung 6.3 verdeutlicht.

Zur Vermessung und Analyse individueller Nano- oder Subnanostrukturen sind mikroskopische Techniken erforderlich, die eine hinreichend hohe räumliche Auflösung bieten und damit die in Abbildung 6.1 dargestellten Mechanismen gleichsam in lokaler Weise verwenden. Das benötigte Maß an Lokalisierung wird dabei durch die Größe der zu analysierenden Struktur bestimmt. Abbildung 6.4 zeigt dies exemplarisch am Beispiel der Oberfläche eines Festkörpers.

Soll ein hypothetisches Mikroskop etwa die Position eines bestimmten Atoms an der Oberfläche vermessen, so muss der Detektor gleichsam bis mindestes in den Bereich der Valenzelektronen an die oberste atomare Lage angenähert werden, da bei größeren Abständen kein Signal mehr gemessen werden könnte, welches einem Atom zuzuordnen wäre. Auch die lateralen Abmessungen des Detektors dürften offensichtlich einen atomaren Durchmesser nicht überschreiten. Soll andererseits z. B. die Variation eines magnetischen oder elektrischen Streufelds an der Oberfläche auf einer Längenskala von 100 nm analysiert werden, so kann dann auch der Detektor seinerseits die entsprechenden Dimensionen aufweisen und in einem angemessenen Arbeitsabstand von der Probenoberfläche betrieben werden.

Streu-, Resonanz- und Beugungsmethoden einerseits (Forschungszentrum Jülich 1996) sowie mikroskopische Verfahren andererseits (Amelinckx et al. 1997) wurden über die vergangene Jahrzehnte systematisch so weit entwickelt, dass es heute möglich ist, eine Vielzahl physikalischer, chemischer und biologischer Eigenschaften zwischen atomarer- und Mikrometers-

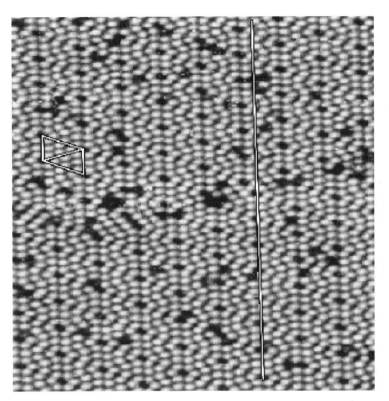

Abb. 6.3: Rastertunnelmikroskopische Aufnahme (20 nm × 20 nm) der atomaren Struktur der Silizium-(111)(7×7)-Rekonstruktion (Memmert 1999). Die Aufnahme zeigt die sehr charakteristische, hoch symmetrische Anordnung der einzelnen Siliziumatome an der Oberfläche von Siliziumkristallen. Auch sichtbar ist allerdings eine Reihe von Fehlstellen und Defekten. Das Vorhandensein der Irregularitäten beweist, dass das Rastertunnelmikroskop eine echte atomare Auflösung erzielt. Eingezeichnet ist die aus zwölf Adatomen bestehende Einheitszelle (linker Bildbereich). Sie besteht aus zwei dreieckförmigen Unterbereichen. Im rechten Bildbereich verdeutlicht die vertikale Linie das Vorhandensein einer Translationsdomänengrenze. Die Linie verläuft im unteren Bildbereich in Bezug auf die Einheitszelle an einer anderen Position als im oberen Bildbereich.

kala zu analysieren. Dennoch stehen wir vor der Situation, dass eine gezielte Nutzung der technischen Möglichkeiten, die sich aus dem sich äußerst rasant entwickelnden Gebiet der Nanotechnologie ergeben, eine neue Dimension

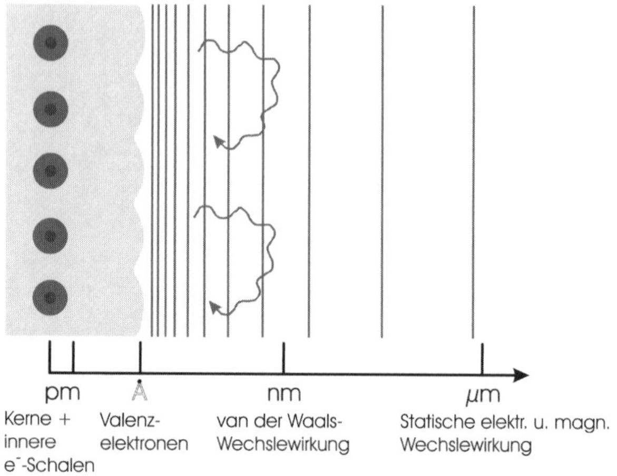

Abb. 6.4: Schematische Darstellung einer Oberfläche. Die Abbildung verdeutlicht, dass eine Oberfläche keine scharfe Kontur besitzt. Nimmt man als Referenzebene die Atomkerne und inneren Schalen der Atome (konzentrische Kreise), so reicht die Aufenthaltswahrscheinlichkeit der Valenzelektronen über eine Distanz von größenordnungsmäßig 1 Ångstrom. Elektromagnetische Felder aufgrund von Quantenfluktuationen, die ursächlich für die Van-der-Waals-Kräfte verantwortlich sind, haben eine Reichweite von typischerweise einigen nm. Statische, elektrische und magnetische Felder wiederum haben eine Reichweite, die von der Größe ihrer Quellen abhängig ist. Damit können sie vom Mikrometerbereich bis in den Zentimeterbereich (z. B. Permanentmagnet) reichen. So „erstreckt" sich eine Oberfläche quasi in das angrenzende Vakuum hinein.

bezüglich der Anforderungen an Verfahren zu Vermessung und Analyse von Nanostrukturen mit sich bringt.

Eine wesentliche Voraussetzung für einen Erkenntnisgewinn im Bereich der Nanostrukturforschung ist die Verfügbarkeit von Verfahren, die es ermöglichen, auf Nanometerskala Strukturen geometrisch zu charakterisieren und bezüglich ihrer funktionalen Eigenschaften zu analysieren. Abbildung 6.5 resümiert schematisch die komplexen analytischen Rahmenbedingungen, die spezifisch mit den Anforderungen der Nanostrukturforschung und der Nanotechnologie verbunden sind. Neben dem Problem, individuelle Nanoobjekte in der gasförmigen, flüssigen oder festen Phase zu adressieren, um deren innere, zum Teil inhomogene Eigenschaften zu charakterisieren, erfordert ein vollständiges Verständnis der funktionalen Eigenschaften einer Nanostruktur in der Regel Untersuchungen auf verschiedenen räumlich-zeitlichen „Eigenschaftsebenen". So sind neben den rein geometrischen

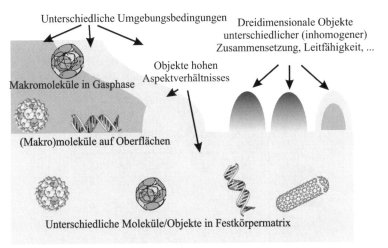

Abb. 6.5: In der Nanoanalytik bestehen spezifische Anforderungen an das Auflösungsvermögen und die Sensitivität der entsprechenden Verfahren. Häufig gibt es Bedarf dafür, individuelle Nanoobjekte in schwer zugänglicher Lage oder sogar das Innere einzelner Nanoobjekte zu analysieren.

Eigenschaften, wie in Abbildung 6.6 dargestellt, physikalische, chemische und biologische Eigenschaften von Interesse. Allgemein sind diese Eigenschaften gleichsam in räumlich-zeitlichen Eigenschaftsebenen lokalisiert. Gerade in der Nanowelt muss berücksichtigt werden, dass Strukturen, die uns in der Makrowelt weitestgehend statisch vorkommen, sich auf Nanometerskala hochgradig dynamisch verhalten. So wächst beispielsweise ein menschliches Haar mit einer Geschwindigkeit von mehr als einem Nanometer pro Sekunde. Allgemein findet also die Analyse einer gewissen Eigenschaft im Orts-Zeit-Kontinuum statt, wobei die örtliche und zeitliche Auflösung des verwendeten analytischen Verfahrens dem zu untersuchenden Phänomen angepasst sein muss. So beginnt unter Umständen der physikalische Alterungsprozess eines Materials irgendwo innerhalb des Materials auf atomarer Skala, schreitet aber nur im Verlauf von Jahren so weit voran, dass es zu makroskopischen Konsequenzen kommt. Zur Analyse bietet sich daher ein räumlich hinreichend hochauflösendes mikroskopisches Verfahren an, welches jedoch nicht in der Lage sein muss, eine hohe zeitliche Auflösung zu liefern. Betrachtet man hingegen z. B. die dynamische Struktur der Hydrathülle von in Wasser gelösten Ionen, so findet im Mittel die

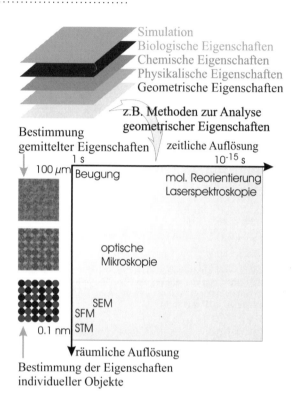

Abb. 6.6: Vollständiges Verständnis der funktionalen Eigenschaften einer Nanostruktur erfordert eine Charakterisierung innerhalb verschiedener räumlich-zeitlicher Eigenschaftsebenen. Die Charakterisierung kann hochauflösend unter Verwendung von mittelnden oder mikroskopischen Verfahren erfolgen. Neben der räumlichen Auflösung ist die zeitliche Auflösung relevant. Räumlich-zeitlich höchstauflösende Verfahren stehen bislang nicht zur Verfügung.

molekulare Reorientierung der H_2O-Moleküle unter Umständen 10^{14} Mal in einer Sekunde statt. Da dieser Mittelwert für alle gelösten Ionen eines Typs identisch ist, wird für die Charakterisierung des dynamischen Verhaltens der Hydrathülle ein analytisches Verfahren benötigt, welches zwar keine sonderlich hohe Ortsauflösung liefern muss, dafür aber in der Lage ist, die molekulare Reorientierung mit einer zeitlichen Auflösung von 10^{-14} Sekunden zu erfassen.

Abbildung 6.6 zeigt anhand einiger Beispiele exemplarisch, dass heute Verfahren zur Erfassung unterschiedlichster funktionaler Eigenschaften zur Verfügung stehen, die einerseits räumlich eine hohe Auflösung liefern können und andererseits in der Lage sind, dynamische Prozesse mit einer zeitlichen Auflösung im Femtosekundenbereich (10^{-15} s) zu erfassen. Daneben gibt es selbstverständlich Verfahren, die eine mäßige örtliche Auflösung mit einer mäßigen zeitlichen Auflösung kombinieren und gerade damit einem speziell zu untersuchenden Phänomen optimal angepasste Methoden sind. Hingegen wird aus der Abbildung auch deutlich, dass es bislang keine Verfahren gibt, die eine extrem hohe räumliche Auflösung mit der Möglichkeit verbinden, sehr schnelle Vorgänge zu erfassen. Hier wird im Bereich der Methodenentwicklung – forciert durch die neu entstandenen analytischen Bedürfnisse der Nanotechnologie – ein erhebliches Maß an Forschungs- und Entwicklungsarbeit zu leisten sein, denn kein Naturgesetz, wie etwa die Heisenberg'sche Unschärferelation, verbietet *a priori* grundsätzlich die Entwicklung eines mikroskopischen Verfahrens mit einer Auflösung im Nanometerbereich und einer Datenerfassungsgeschwindigkeit im Femtosekundenbereich.

Neben Experimenten zur Vermessung und Analyse von Nanostrukturen in einer bestimmten räumlich-zeitlichen Eigenschaftsebene gewinnt die numerische Modellierung von Nanosystemen zunehmend an Bedeutung. Leistungsfähige Rechenverfahren ermöglichen dabei die Simulation des funktionalen Verhaltens auch vergleichsweise komplexer Nanostrukturen, wobei hier insbesondere gerade der Bereich kleinster Strukturen und schnellster Abläufe im Gegensatz zum Experiment häufig am ehesten zugänglich ist (Herget et al. 2004).

Nanoanalytik besteht allgemein darin, physikalische, chemische oder biologische Eigenschaften und ihre Variation auf der Nanometerskala zu sondieren. Dies erfolgt unter Verwendung der in Abbildung 6.1 dargestellten Mechanismen mit einer Ortsauflösung, die entsprechend dem für die Nanotechnologie relevanten Bereich mindestens etwa 100 nm beträgt. Damit sind viele klassische Beugungs- oder Streuverfahren nicht nutzbar, weil der Strahlungsdurchmesser 100 nm wesentlich übersteigt. Eine lokale Sonde hingegen kann gemäß Abbildung 6.4 Eigenschaften einer Probe auf Nanometerskala erfassen. Je nach gewählter Sonden-Proben-Wechselwirkung wird sukzessive an jedem Bildpunkt ein Experiment ausgeführt, dessen Ergebnis durch die Sonde erfasst wird. Die Summe der in allen Bildpunkten seriell oder parallel durchgeführten Experimente ergibt dann ein Abbild der Probe im Lichte des gewählten Experiments. In einem Transmissions-Elektronenmikroskop (TEM) z. B. wird die Information im Allgemeinen von allen Bildpunkten gleichzeitig erhalten und die Abbildung erfolgt parallel. In der Rastersondenmikroskopie hingegen wird die lokale Sonde zeilenförmig über die Probenoberfläche geführt und durch entsprechenden Versatz der einzelnen Zeilen ein zweidimensionaler Bildbereich abgebildet. Hier erfolgt die Abbildung also sequenziell oder seriell.

Eine Wechselwirkung zwischen Sonde und Probe beinhaltet immer eine Einflussnahme der Sonde auf die Probe. Im Allgemeinen ist im Falle der Mikroskopie die Hoffnung, dass die Sonden-Proben-Wechselwirkung nichtdestruktiv ist, so dass die Probe in ihrem nativen Zustand abgebildet wird. Bei einer Probenmanipulation hingegen ist zwischen reversibler und irreversibler Manipulation zu unterscheiden. Manipulationen der Probe sind in der Mikroskopie im Allgemeinen unerwünscht, können aber nicht in jedem Fall, wie in Abbildung 6.7 dargestellt, vermieden werden. Durch Wahl der Arbeitsbedingungen kann bei den Rastersondenverfahren im Allgemeinen zwischen Abbildung und Manipulation variiert werden. So wurde das in Abbildung 4.7 dargestellte atomare Muster durch Manipulation der einzelnen Atome mit der Sonde des Rastertunnelmikroskops zunächst hergestellt und mit derselben Sonde bei modifizierten Arbeitsbedingungen anschließend abgebildet.

Das bisher Diskutierte bezieht sich auf generelle Aspekte der Mikroskopie und Analytik auf Nanometerskala. Es wurde jedoch deutlich, dass eine besondere Bedeutung für die Nanotechnologie Verfahren besitzen, die eine reale Ortsauflösung im Nanometer- oder sogar *sub*-Nanometerbereich zulassen. Im Hinblick auf Mikroskopie und Manipulation besitzen die Rastersondenverfahren diese Fähigkeit. Ende 1981 entwickelten Gerd Binnig und Heinrich Rohrer sowie Mitarbeiter im IBM-Forschungslabor Rüschlikon bei Zürich das Rastertunnelmikroskop (STM: *scanning tunneling microscope* oder *microscopy*), das Ausgangspunkt einer ganzen Familie von Rastersondenverfahren wurde. Weitere prominente Vertreter dieser Familie sind heute das Rasterkraftmikroskop (AFM: *atomic force microscope* oder *microscopy*) und das optische Rasternahfeldmikroskop (SNOM: *scanning near field optical microscope* oder *microscopy*). Alle Rastersondenverfahren basieren auf

Abb. 6.7: Rastertunnelmikroskopische Aufnahme eines Silberfilms. Das obere Bild zeigt im oberen Bildbereich eine Unstetigkeitsstelle, die zur Folge hat, dass abrupt eine überhöhte, weiß dargestellte Struktur erscheint. Nach erneuter Abbildung (unteres Bild) zeigt sich, dass während der Abbildung Material von der Sonde des Tunnelmikroskops auf der Probe deponiert wurde, welches deutlich erhaben herausragt. Zusätzlich erkennt man, dass zwischen beiden Bildern eine geringfügige thermisch bedingte Drift stattgefunden hat, was durch Vergleich der Lage des Defekts auf dem oberen und unteren Bild deutlich wird. ▶

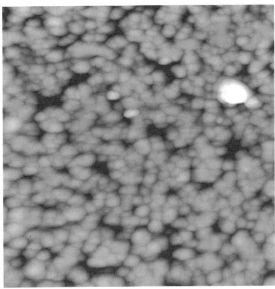

einem weitestgehend universellen apparativen Ansatz, der darin besteht, dass eine lokale Sonde, die zeilenförmig über die Probenoberfläche geführt wird, dazu benutzt werden kann, Experimente auf Nanometerskala durchzuführen. Diese Experimente können zu einer analytischen Aussage führen oder auch zu einer gezielt herbeigeführten Modifikation der Probenoberfläche. Die Verwendung unterschiedlicher Sonden, Betriebs- und Umgebungsbedingungen gestattet eine Vielzahl von nanoskaligen Experimenten an praktisch jeder beliebigen Probe.

Abbildung 6.8 zeigt schematisch den Gesamtaufbau eines Rastersondenmikroskops. Das zentrale aktorische Element ist die piezoelektrische Einheit, welche die dreidimensionale Positionierung der Sonde in Bezug auf die Probenoberfläche ermöglicht. Der piezoelektrische Effekt besteht darin, dass bei Applikation eines elektrischen Feldes über ein piezoelektrisches Material eine feldinduzierte Veränderung der kristallinen Struktur mit Expansion entlang bestimmter Richtungen und Kontraktion entlang anderer Richtun-

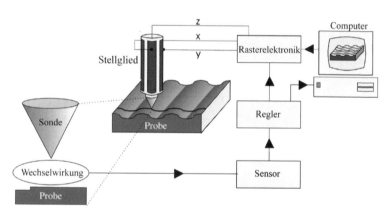

Abb. 6.8: Aufbau eines Rastersondenmikroskops. Die Sonde ist an einem piezoelektrischen Stellglied befestigt, welches eine hinreichend präzise Positionierung in drei Dimensionen gestattet. Die Positionierung wird durch Anlegen geeigneter elektrischer Signale in x-, y- und z-Richtung realisiert. Die x- und y-Positionierung dient zum zeilenförmigen Abrastern der Probenoberfläche, während entlang der z-Achse der Sonden-Proben-Abstand adjustiert wird. Letzterer wird häufig so gewählt, dass die Wechselwirkung zwischen Sonde und Probe, die in einem elektrischen Strom oder einer Kraft bestehen kann, konstant gehalten wird. Dazu muss diese Wechselwirkung mittels eines geeigneten Sensors ständig gemessen werden. Durch Vergleich mit einem Sollwert wird über einen Regler dann der Abstand so eingestellt, dass die Soll-Wechselwirkung erreicht wird. Eine Darstellung des Reglersignales als Funktion der x-y-Koordinate ergibt dann nach geeigneter Datenverarbeitung ein Abbild der Oberfläche im Lichte der gewählten Wechselwirkung.

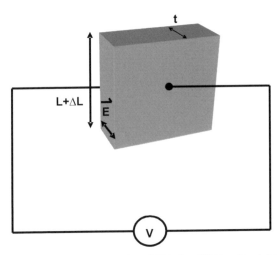

Abb. 6.9: Illustration des transversalen piezoelektrischen Effektes. Durch Anlegen einer Potenzialdifferenz zwischen den beiden Elektroden auf einem piezoelektrischen Material entsteht ein elektrisches Feld **E**. Senkrecht zu diesem elektrischen Feld kommt es zu einer Längenänderung des piezoelektrischen Materials, die für Positionierzwecke im Nanometer- bis Mikrometerbereich genutzt werden kann.

gen auftritt. Im Allgemeinen bedient man sich des transversalen Effekts, bei dem das angelegte elektrische Feld **E**, wie in Abbildung 6.9. dargestellt, senkrecht zur Kontraktions-/Expansionsachse orientiert ist:

$$\triangle L = L \frac{V}{t} d_{31} \,.$$

d_{31} bezeichnet die transversale piezoelektrische Konstante.

Breite Verwendung finden „Piezoröhrchen", die durch eine quadranten-förmige Anordnung der Elektroden auf der Außenseite und durch eine Ge-genelektrode auf der Innenseite des Röhrchens durch Verbiegung x- und y-Bewegungen und durch Längenänderung z-Bewegungen ausführen können, wie schematisch in Abbildung 6.10 dargestellt. Bei geeigneter Ansteuerung im Kleinsignalbereich können über einen von den Röhrchenabmessungen und der Temperatur abhängigen Größenbereich orthogonale Bewegungen entlang aller Raumrichtungen mit genügender Präzision durchgeführt wer-den.

Ein nicht zu unterschätzendes Problem besteht darin, dass im Allgemeinen vor Durchführung eines rastersondenmikroskopischen Experiments Sonde

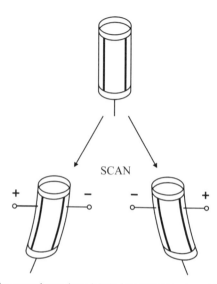

Abb. 6.10: Röhrchen aus einem piezoelektrischen Material, wie es häufig in Rastersondenmikroskopen als *Scanner* verwendet wird. Durch Anlegen einer Potenzialdifferenz zwischen jeweils zwei Elektroden kann aufgrund der Krümmung des Röhrchens eine Bewegung in x- und y-Richtung realisiert werden. Wird eine Potenzialdifferenz zwischen den vier zusammengeschalteten äußeren Elektroden gegenüber der konzentrischen inneren Elektrode des Röhrchens erzeugt, so kommt es zu einer Längenänderung entlang der Längsachse des Röhrchens.

und Probe, ausgehend von makroskopischen Entfernungen (Millimeter), einander so weit angenähert werden müssen, dass dann ein rasterförmiges Abtasten der Probenoberfläche bei genügend kleinem Arbeitsabstand mittels des Piezoröhrchens realisiert werden kann. Der laterale Rasterbereich beträgt dabei typischerweise 1 μm bis mehr als 100 μm. Typische Sonden-Proben-Abstände liegen im Bereich zwischen weniger als 1 nm bis hin zu einigen 10 nm. Bei tiefen Temperaturen, z. B. der Siedetemperatur des flüssigen Heliums von 4,2 K, sind aufgrund der Temperaturabhängigkeit der piezoelektrischen Konstante d_{31} die Bewegungsbereiche des Piezoröhrchens signifikant reduziert. Auch zur Grobpositionierung von Sonde und Probe lassen sich piezoelektrische Bauelemente innerhalb von geeigneten „Piezomotoren" einsetzen, um eine spiel- und hysteresefreie Positionierung im Millimeterbereich mit einer Präzision von besser als 1 μm durchzuführen. Ein vielfach verwendeter Piezomotor für die eindimensionale Positionierung (Vertikalannäherung) ist in Abbildung 6.11 dargestellt (Pan et al. 1999).

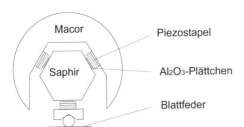

Abb. 6.11: Piezoelektrischer Motor, der eine Grobpositionierung zwischen Sonde und Probe über Millimeter-Distanzen gestattet und dennoch eine Positionierpräzision im Nanometerbereich besitzt. Durch Anlegen geeigneter Spannungsimpulse an verschiedene piezoelektrische Stellglieder wird ein Saphirprisma durch ein Wechselspiel von Klemm- und Schiebebewegungen päzise sowie hysterese- und spielfrei entlang der Längsachse des Motors bewegt (Pan 1999).

Außerhalb des Kleinsignalbereichs weist der piezoelektrische Effekt deutliche Hystereseeigenschaften auf (Fatikow 2000). Damit diese in Form von Verzerrungen keinen Einfluss auf die Abbildung gewinnen, verfügen viele Rastersondenmikroskope über eine passive oder aktive Linearisierung. Bei der passiven Linearisierung wird der Nichtlinearität des Effekts durch entsprechende Variation der Ansteuerspannung V entsprechend einer vorprogrammierten Kennlinie Rechnung getragen. Bei der aktiven Linearisierung wird die tatsächliche Auslenkung des Piezostellgliedes in Abhängigkeit von V gemessen. Die Messung kann entweder optisch (Interferometer, Strahlablenkung), kapazitiv, über Differentialtransformatoren oder unter Verwendung von Dehnungsmessstreifen erfolgen. Die gemessene Auslenkung wird mit dem Sollwert verglichen und über eine Regelschleife werden dann Mess- und Sollwert durch Nachregelung des Aktors zur Deckung gebracht.

Grundsätzlich lassen sich Rastersondenverfahren unter den unterschiedlichsten Umgebungsbedingungen betreiben. Für viele Anwendungen ist natürlich der Betrieb an Luft und bei Raumtemperatur von Bedeutung. Insbesondere die Rastertunnelmikroskopie ist allerdings sehr sensitiv gegenüber Oberflächenkontaminationen, die sich unter diesen Bedingungen praktisch nicht vermeiden lassen. Für Messungen, die unter möglichst kontaminationsarmen Bedingungen stattfinden sollen, bedient man sich daher des Ultrahochvakuums (UHV), bei dem der Druck typischerweise im Bereich von 10^{-12} mbar liegt. Häufig sind Rastersondenmikroskope in UHV-Anlagen integriert, die multiple Vorrichtungen zur Probenpräparation und -analyse aufweisen, wie in Abbildung 6.12 dargestellt. Auch der Betrieb bei tiefen Temperaturen (bis in den Millikelvin-Bereich) kann in der Rastersondenmi-

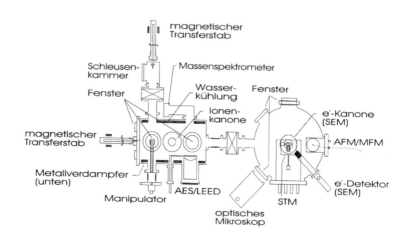

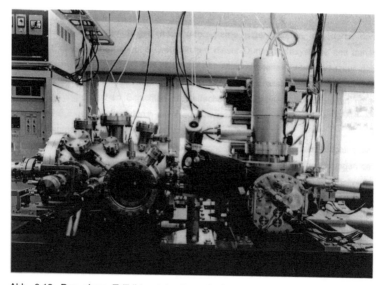

Abb. 6.12: Das obere Teilbild zeigt schematisch den Aufbau einer Mehrkammer-Ultrahochvakuumanlage mit einer Reihe von Depositions-, Transfer- und Analyse-Vorrichtungen. Das untere Teilbild zeigt die Realisierung des Mehrkammersystems. Typischerweise werden derartige Ultrahochvakuumsysteme bis auf einen Druck im Bereich von 10^{-12} mbar evakuiert, um reine Materialien deponieren zu können und um hochauflösende Untersuchungen an sauberen Oberflächen durchführen zu können.

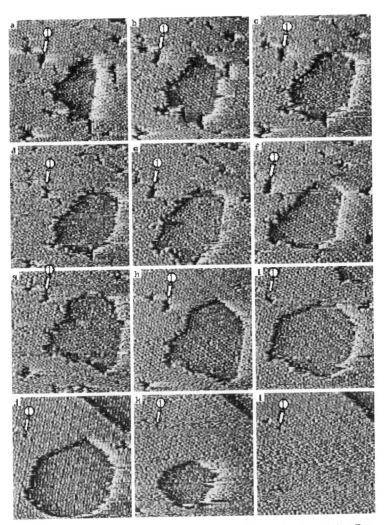

Abb. 6.13: Rastertunnelmikroskopische Bilder (30 nm × 30 nm), die während einer Temperaturerhöhung von 980 K auf 1 000 K auf einer nur geringfügig mit Oxid bedeckten Oberfläche aufgenommen wurden. Die Sequenz von Abbildungen zeigt das thermisch induzierte Ausheilen der Siliziumoberfläche in 7×7-Rekonstruktion (Memmert 1999).

kroskopie realisiert werden. Aufgrund der reduzierten thermischen Energie kT verbessert sich entsprechend die energetische Auflösung und reduziert sich die Dynamik von thermisch angeregten Prozessen. In vielen Fällen ist die Applikation niedriger Temperaturen auch erforderlich, weil die zu analysierenden Phänomene entsprechenden Phasenübergängen unterliegen. Ein Beispiel hierfür wäre die Supraleitung. Auch hohe Probentemperaturen, beispielsweise zur Beobachtung von Schmelzprozessen, lassen sich realisieren, wobei in diesem Fall das Rastersondenmikroskop und insbesondere die Sonde, die sich ja nur in einem geringen Abstand von der Probe befindet, thermisch von der Probe entkoppelt sein muss. Abbildung 6.13 zeigt den thermisch induzierten Rekristallisationsprozess einer Siliziumoberfläche bei einer Temperatur von 700 °C (Memmert 1999). Selbst in Flüssigkeiten lassen sich Rastersondenmikroskope betreiben, was von großer Bedeutung für biologische Untersuchungen, aber beispielsweise auch für elektrochemische Experimente (Kolb) und die Analyse von Benetzungsphänomenen ist. Abbildung 6.14 zeigt mittels Rastersondenverfahren in einem Elektrolyten hergestellte Nanostrukturen.

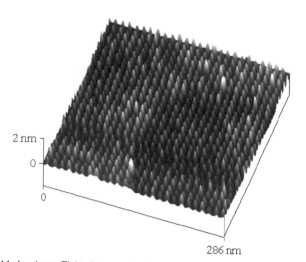

Abb. 6.14: In einem Elektrolyten elektrochemisch abgeschiedene Kupfer-Nano*dots* (*dot*: kristallines Partikel) auf der (111)-Oberfläche eines Gold-Einkristalls. Die Abbildung zeigt, dass das Rastertunnelmikroskop auch in Flüssigkeiten und sogar Elektrolyten betrieben werden kann. Bei dem hier zugrunde liegenden Nanomanipulationsverfahren ist die hohe Reprodzierbarkeit beeindruckend, in der die Metallpartikel in großer Menge abgeschieden werden können (Kolb, Universität Ulm).

Abbildung 6.8 zeigt den schematischen Aufbau eines Rastersondenmikroskops. Es wird deutlich, dass die für eine Abbildung oder Probenmodifikation zugrunde liegende Sonden-Proben-Wechselwirkung von der Art der verwendeten Sonde und von den gewählten Betriebs- und Umgebungsbedingungen abhängig ist. Abbildung 6.15 zeigt die wichtigsten Sonden, die das Rastersondenmikroskop zum STM, AFM oder SNOM machen. Sonden für das Tunnelmikroskop bestehen in elektrochemisch scharf geätzten metallischen Drähten, durch die der Tunnelstrom fließt. Abbildung 6.16 stellt den daraus resultierenden schematischen Aufbau des Rastertunnelmikroskops dar. Der durch einen Überlapp der elektronischen Orbitale zwischen den Proben- und Sondenatomen zustande kommende Tunnelstrom hängt so stark vom Abstand zwischen Sonde und Probe ab, dass sich selbst atomar kleine *Korrugationen* detektieren lassen. Dies liefert die Basis dafür, dass das Rastertunnelmikroskop unter günstigen Umgebungsbedingungen in der Lage ist, die atomare Anordnung einer Probe abzubilden.

Verwendet man ein mikrofabriziertes Biegeelement als Sonde (siehe Abbildung 6.15), so lassen sich topographische Strukturen an der Probenoberfläche durch lokale Auslenkungen dieses Biegeelementes detektieren. Die Bewegungen des Biegeelementes bei der zeilenförmigen Abtastung der Probenoberfläche entsprechen denen der Nadel eines Schallplattenspielers oder auch des klassischen Edison'schen Grammophons. Mittels geeigneter Auslenkungsdetektoren auf optischer Basis lassen sich Bewegungen des Biegeelementes von atomarer Größenordnung nachweisen. Dies macht unter günstigen Umgebungsbedingungen ebenfalls die Abbildung der atomaren Anordnung einer Probe möglich, wobei die Probe in diesem Fall nicht einmal leitfähig sein muss. Das Biegeelement kann auch über der Probenoberfläche in Oszillation versetzt werden. Eine Messung der Schwingungseigenschaften als Funktion des Ortes erlaubt dann die Abbildung lokaler Wechselwirkungen langreichweitiger Natur. Auf diese Weise können etwa elektrische (EFM: *electric force microscope* oder *microscopy*) oder magnetische (MFM: *magnetic force microscope* oder *microscopy*) Eigenschaften einer Probe bestimmt werden. Den resultierenden schematischen Aufbau eines Rasterkraftmikroskops zeigt Abbildung 6.17. Ein Beispiel für die Abbildung einer langreichweitigen Wechselwirkung zeigt die Abbildung 6.18. Hier wurden mittels MFM die magnetischen Informationseinheiten (*bits*) einer Festplatte abgebildet. Da die Wechselwirkung zwischen einer magnetischen Sonde und der Festplatte langreichweitig ist, befindet sich die magnetische Sonde des Kraftmikroskops einige Nanometer über der Probe. Insgesamt ist die Rasterkraftmikroskopie aufgrund der Vielzahl der möglichen

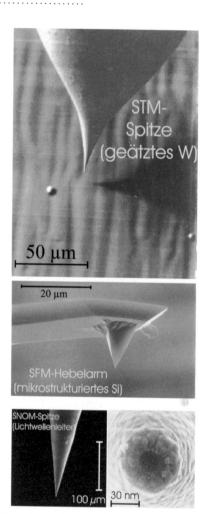

Abb. 6.15: Die wichtigsten Sondentypen der Rastersondenmikroskopie. Die obere Abbildung zeigt die Spitze eines Rastertunnelmikroskops, die durch elektrochemisches Ätzen metallischer Drähte hergestellt wird. Die mittlere Abbildung zeigt das aus Silizium mikrofabrizierte Biegeelement (*Cantilever*) eines Rasterkraftmikroskops. Die untere Abbildung zeigt eine scharf geätzte monomodale Glasfaser, die mit einer Aluminiumschicht so bedeckt ist, dass nur im Apexbereich der Spitze eine kleine Apertur vorhanden ist, aus der das Licht austreten kann. Die so entstehende Lichtquelle ist deutlich kleiner als die Wellenlänge des verwendeten Lichtes, die größenordnungsmäßig bei 600 nm liegt.

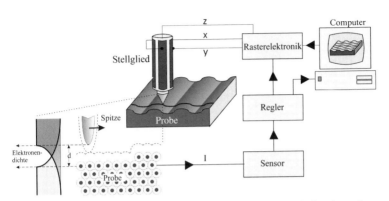

Abb. 6.16: Schematische Darstellung des Aufbaus eines Rastertunnelmikroskops. Ausgehend vom allgemeinen Aufbau eines Rastersondenmikroskops, der in Abbildung 6.8 dargestellt ist, wird hier die Sonde konkret in Form einer scharfen metallischen Spitze ausgeführt. Bei einem Sonden-Proben-Abstand von typischerweise weniger als 1 nm kommt es zu einer Überlappung der elektronischen Zustandsdichte zwischen Sonde und Probe und bei Anlegen einer kleinen Potenzialdifferenz von typischerweise 1 V oder weniger kann ein Tunnelstrom I fließen. Die Sonde wird dann zumeist zeilenförmig so über die Probenoberfläche geführt, dass während des Rastervorganges der Strom I stets einem Sollwert entspricht. Auf diese Weise kann unter geeigneten Bedingungen die atomare Struktur der Probenoberfläche wiedergegeben werden.

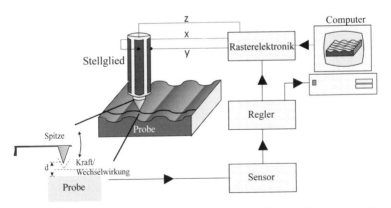

Abb. 6.17: Schematische Darstellung des Aufbaus eines Rasterkraftmikroskops. Im Vergleich zum allgemeinen Aufbau in Abbildung 6.8 wird hier die Sonde in Form eines Biegeelements (*Cantilever*) ausgeführt. Dieses Biegeelement wird statisch oder bei seiner Resonanzfrequenz vibrierend in einem hinreichend geringen Abstand über die Probenoberfläche geführt und gestattet es so, Kräfte zwischen Sonde und Probe zu detektieren. In bestimmten Betriebsmodi wird bewusst ein temporärer oder dauerhafter Kontakt zwischen Sonde und Probe herbeigeführt.

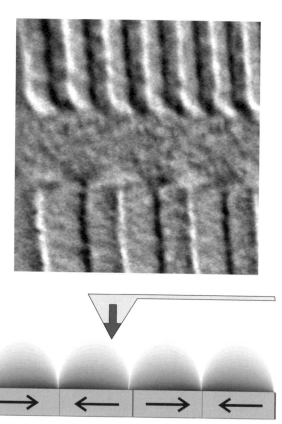

Abb. 6.18: Abbildung der Informationseinheiten (*bits*) einer magnetischen Festplatte mittels Magnetokraftmikroskopie (MFM). Hier erfasst das Rasterkraftmikroskop die magnetostatischen Wechselwirkungen zwischen einer magnetischen Sonde und der alternierenden Magnetisierung der Festplatte, die schematisch im unteren Teilbild dargestellt ist.

Betriebsarten die wohl universellste und wichtigste analytische Methode in der Nanostrukturforschung und Nanotechnologie.

Verwendet man als lokale Sonde eine scharf angespitzte Glasfaser, die so beschichtet ist, dass Licht nur noch im Apexbereich durch eine kleine Öffnung austreten kann, so erhält man das in Abbildung 6.19 schematisch dargestellt optische Rasternahfeldmikroskop. Da das Licht nur aus einem Bereich der Glasfaser austritt, der kleiner als die Wellenlänge des verwen-

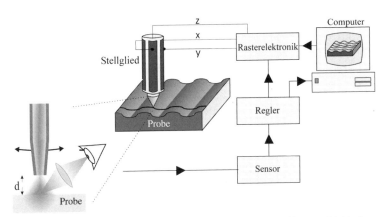

Abb. 6.19: Schematische Darstellung des Aufbaus eines optischen Rasternahfeldmikroskops (SNOM). Ausgehend vom allgemeinen Aufbau eines Rastersondenmikroskops, der in Abbildung 6.8 dargestellt ist, wird die Sonde hier in Form einer scharf zulaufenden Glasfaser realisiert. Eine Aluminiumschicht verhindert, dass Licht seitlich austritt. Das bei geringem Sonden-Proben-Abstand von der Probe reflektierte oder durch sie transmittierte Licht wird mittels einer konventionellen Fernfeldoptik detektiert. Alternativ kann auch durch die konventionelle Optik beleuchtet und durch die im Nahfeld befindliche Glasfaserspitze detektiert werden.

deten Lichtes ist, und da diese nanometrische Lichtquelle sich sehr dicht (einige nm bis einige 10 nm) oberhalb der Probenoberfläche befindet, ist die dadurch zustande kommende optische Abbildung nicht mehr beugungsbegrenzt. So lassen sich Strukturen mit Abmessungen deutlich kleiner als die Wellenlänge des verwendeten Lichtes optisch abbilden, was insbesondere viel versprechende Anwendungen in der Biologie zur Folge hat.

Methodische Entwicklungen im Bereich der Rastersondenverfahren sowie Ergebnisse, die unter Verwendung von Rastersondenverfahren erzielt wurden, umfassen heute viele Tausend Originalarbeiten. Hilfreich zur Vertiefung wesentlicher Aspekte sind verschiedene Bücher, die die Entwicklung und den gegenwärtigen Stand der Techniken dokumentieren (Güntherodt und Wiesendanger 1992-94, Wiesendanger 1994, Chen 1993 und Wiesendanger 1998).

Fazit: Informationen über die Struktur der Materie auf Nanometerskala lassen sich grundsätzlich unter Verwendung von Beugungs-/Streumethoden und mikroskopischen Methoden erhalten. Individuelle Strukturen lassen sich dabei nur mittels mikroskopischer Methoden auflösen. Mikroskopische Analysen können in verschiedenen räumlich-zeitlichen Eigenschaftsebenen durchgeführt werden, wobei derzeit keine Verfahren mit extrem hoher räumlicher und gleichzeitig zeitlicher Auflösung zur Verfügung stehen. Die Rastersondenverfahren basieren auf einer weitestgehend einheitlichen apparativen Konzeption, bei der die Verwendung piezoelektrischer Stellglieder zur Relativpositionierung von Sonde und Probe eine zentrale Rolle spielt. Ein geschlossener Regelkreis sorgt dafür, dass sich äußerst geringe Sonden-Proben-Abstände realisieren lassen. Rastersondenverfahren sind von außerordentlicher Bedeutung für die Nanostrukturforschung und von zunehmender Bedeutung auch für die industrielle Fertigung.

6.2 Präparative Verfahren

Bei einer detaillierten Diskussion der Strategien zur Erzeugung von Nanostrukturen muss sinnvollerweise zwischen Werkstoffen und individuellen Bauelementen unterschieden werden. Dabei gibt es Standardkomponenten, wie beispielsweise die Fullerene, die sowohl zum Aufbau nanostrukturierter Schichten wie auch als individuelle Komponente zum Aufbau eines Nanobauelementes genutzt werden können.

Auch Nanopartikel können in gewisser Weise als Bauelemente der Nanotechnologie betrachtet werden, die sowohl geeignet sind zum Aufbau von Werkstoffen als auch zum Aufbau diskreter Bauelemente. Darüber hinaus werden sie in Form verdünnter Ensembles beispielsweise zum Medikamententransport oder als Marker in der Analytik von Biomolekülen verwendet. Grundsätzlich ist zu unterscheiden zwischen physikalischen und chemischen Herstellungsmethoden. Zur zuerst genannten Kategorie ist beispielsweise die Edelgaskondensation zu nennen. Chemische Methoden umfassen insbesondere klassische Verfahren der Kolloidchemie, aber auch neuere Ansätze, wie die Verwendung von mizellaren Mikroemulsionen. Im Allgemeinen besteht das Ziel darin, Partikel einer gegebenen Zusammensetzung, wobei hier auch organische Partikel einzubeziehen sind, mit einem vordefinierten Durchmesser bei möglichst enger Größenverteilung zu synthetisieren.

Bei der Herstellung nanostrukturierter Werkstoffe kommt ebenfalls eine ganze Reihe präparativer Verfahren zum Einsatz. Eine physikalische Methode zur Herstellung ungeordneter Materialien besteht in der Kompaktierung und Konsolidierung. Dazu wird ein Pulver der Ausgangsmaterialien, beispielsweise verschiedene Metalle, in Kugelmühlen zerkleinert. Danach wird das Material unter hohem Druck und teilweise unter Heizen kompaktiert. Auf diese Weise lassen sich nanostrukturierte Materialien herstellen, deren

Dichte annähernd der maximal erreichbaren Dichte entspricht. Das heißt, der Kompaktierungsgrad ist außerordentlich hoch. Ein weiteres physikalisches Verfahren zur Herstellung ungeordneter nanostrukturierter Materialien besteht im „Abschrecken" von Schmelzen. Bei geeigneter Zusammensetzung der Schmelze muss eine extreme Abkühlrate erzielt werden, sodass das erstarrte Material nanokristalline Struktur annimmt.

Nanostrukturierte Schichten können grundsätzlich mit den aus der Mikroelektronik und Mikrosystemtechnik bekannten Verfahren, basierend auf Gas- oder Flüssigphasenabscheidung, hergestellt werden. Auch elektrochemische Abscheidemethoden sind von Interesse.

Verfahren zur Herstellung nanostrukturierter Materialien mit eher chemischer Natur umfassen die Sol-Gel-Methode, deren Renaissance sich als außerordentlich viel versprechend erwiesen hat. Die Verwendung von Polymeren eröffnet eine große Kategorie weiterer Methoden zur Herstellung nanostrukturierter Materialien. Schließlich sind die supramolekularen Ansätze zu erwähnen, die darin bestehen, dass ein Material systematisch durch gezieltes Aneinanderbinden riesiger Moleküle mittels kleinerer Moleküle geformt wird. Aufgrund der Universalität dürften die supramolekularen Ansätze in Zukunft unter Umständen die größten Innovationen bei der Entwicklung neuer Werkstoffe bringen.

Kooperative Verfahren zur Herstellung nanoskaliger individueller Bauelemente umfassen zunächst im Wesentlichen die bekannten Ansätze zur Herstellung mikroelektronischer und mikromechanischer Komponenten, deren Auflösungsgrenze im Labormaßstab zum Teil beträchtlich gesteigert wurde. Durch Verwendung der Elektronenstrahllithographie anstelle der optischen Lithographie, wie sie heute in der Mikroelektronik verwendet wird, lassen sich durchaus Bauelemente mit charakteristischen Abmessungen von deutlich weniger als 100 nm herstellen. Dies ermöglicht eine systematische Erforschung der Eigenschaften der Strukturen. Wenngleich auch die Herstellungsverfahren, die zum Einsatz kommen, nicht für Zwecke der Nanotechnologie neu entwickelt wurden, so stellt doch die Kombination der Verfahren mit der Verwendung unorthodoxer Materialien und molekularer Strukturen etwas spezifisch Nanotechnologisches dar. Werden beispielsweise konventionell hergestellte mikromechanische Oszillatoren aus Silizium mit geeigneten organischen oder biologischen Molekülen beschichtet, so lassen sich hoch sensible biochemische Sensoren konzipieren. Dabei sind weder die Herstellungsverfahren noch die molekularen Spezies Neuentwicklungen. Innovation liegt hier ausschließlich in der Kombination der Ansätze.

Grundsätzlich ist die Situation im Hinblick auf die Herstellung individueller nanotechnologischer Bauelemente oder kompletter Systeme dadurch charakterisiert, dass die auf den Strukturierungsverfahren der Mikroelektronik oder Mikromechanik basierenden Techniken im Wesentlichen planarer Natur sind. Derzeit existieren keine Standardstrategien zur Herstellung beliebiger dreidimensionaler Strukturen, weder auf der Basis von *Top-down-* noch auf der Basis von *Bottom-up*-Ansätzen. Innovation entsteht hier vor allem durch Verbesserung bekannter Strukturierungsverfahren und durch Kombination der Verfahren mit unorthodoxen Materialien und insbesondere Oberflächenbeschichtungen. Dementsprechend spielen derzeit *Bottom-up*-Ansätze zur Herstellung kompletter Nanobauelemente keine Rolle.

Fazit: Zur Herstellung nanostrukturierter Materialien und Schichten sowie von Nanopartikeln existiert eine Reihe physikalischer und chemischer Verfahren, die im Allgemeinen seit längerem bekannt sind. Innovation entsteht hier primär durch wachsende Erkenntnis über die Bedeutung struktureller Abmessungen und die gezielte Einstellung dieser Abmessungen. Wirkliches Neuland wird durch den Einsatz supramolekularer Methoden zur Synthese von Materialien betreten. Bei der Herstellung nanoskaliger Bauelemente finden zurzeit ausschließlich aus der Mikrostrukturtechnik bekannte Methoden Anwendung, deren Leistungsfähigkeit entsprechend gesteigert wurde. Innovation basiert hier vor allem auf der Kombination der Verfahren mit unorthodoxen Materialien und insbesondere mit Möglichkeiten der Oberflächenfunktionalisierung.

6.3 Aspekte der industriellen Fertigung

Nanostrukturierte Materialien und Nanopartikel sind bereits seit langem industriell relevant für verschiedene Branchen. Als Beispiele seien genannt: nanoporöse Filter, Materialien für die konventionelle Fotografie oder auch Polysterenkugeln zur Verwendung in der Elektronenmikroskopie. Die Funktionsweise der jeweiligen Prozesse, für die die Materialien oder Partikel eingesetzt werden, basiert in der Tat auf der Nanoskaligkeit der Komponenten. Hinsichtlich dieser Beispiele scheint die industrielle Verwendung nanostrukturierter Materialien nicht etwas grundsätzlich Neues zu sein. Demgegenüber lässt sich die wirkliche industrielle Bedeutung der Nanotechnologie nur an Perspektiven erkennen, die sich im Hinblick auf die in Kapitel 4 und 5 diskutierten neuen Funktionalitäten und Verfahren ergeben.

Bezüglich der Aspekte der industriellen Fertigung ist also streng zu unterscheiden zwischen dem gegenwärtigen Entwicklungsstand einerseits und kurz-, mittel- und langfristigen Perspektiven andererseits. Maßgeblich für eine industrielle Produktion ist die Verfügbarkeit präparativer und analytischer Verfahren, die es gestatten, eine Komponente, ein Bauelement oder einen Werkstoff in ausreichender Quantität herzustellen und die Qualität zu überwachen. Dabei spielen natürlich die Reproduzierbarkeit und die Schwankungsbreite der Eigenschaften in einem hinreichend engen Intervall eine gewichtige Rolle. Vor diesem Hintergrund mag es nicht überraschen, dass heute verfügbare industrielle Produkte der Nanotechnologie zum Teil auf Verfahren, Materialien und Strategien basieren, die lange bekannt sind. Aufgrund des wissenschaftlichen Erkenntnisgewinns – besonders hinsichtlich der Größen-Eigenschafts-Kausalität – wurden die Verfahren und Materialien zum Teil verfeinert. Beispiele für diese eher stetige Entwicklung nanotechnologischer Produkte sind die Verwendung von Titanoxid-Partikeln in Sonnenschutzmitteln oder die Entwicklung von pharmazeutischen Wirkstoffen auf der Basis partikulärer Träger. Auch wenn teilweise die Präparationsverfahren und die Materialbestandteile nicht neu sind, so ist doch der innovative Charakter daraus entstehender nanotechnologischer Ansätze nicht zu unterschätzen. Der nanotechnologische Charakter resultiert aus der bewussten Nutzung von Phänomenen, die trotz bekannter verfahrenstechnischer Ansätze oder Materialien einen Erkenntnisgewinn der Nanostrukturforschung voraussetzen. Ein treffliches Beispiel ist hier die hyperthermische Behandlung von Tumoren unter Verwendung magnetisch angeregter Eisenoxid-Partikel. Obwohl die Partikel selbst in der Natur vorkommen, ihre Synthese seit langem bekannt ist und auch die Hyperthermie nicht als neuer therapeutischer Ansatz betrachtet werden kann, so setzt doch die innovative Applikation der Hyperthermie eine dezidierte Kenntnis der Ummagnetisierungsprozesse in kleinen Eisenoxid-Partikeln voraus sowie auch die Entwicklung biochemischer Strategien, die zur Anhäufung der Partikel in Tumoren beitragen.

Der industrielle Aspekt der Nanotechnologie wird heute in erheblichem Maße durch die Funktionalisierung von Werkstoffoberflächen repräsentiert. Der „Lotus-Effekt" ist hier zum Synonym für Oberflächen mit hochgradig spezifischen Eigenschaften geworden: Die Benetzbarkeit wird auf ein Minimum reduziert, Oberflächen sind inhärent keimtötend, zeigen keine Fingerabdrücke mehr oder haben eine Härte, die bei weitem höher ist als diejenige des darunter liegenden Materials. Auch im Bereich der Oberflächenfunktionalisierung kommen zum Teil lang bekannte Strategien in verfeinerter Weise zum Einsatz. Die keimtötende Wirkung von Silberpartikeln ist seit sehr langer Zeit bekannt. Der innovative Charakter nanotechnologischer Anwendungen besteht allerdings darin, dass nanoskalige Partikel in Form neuartiger Kompositwerkstoffe verwendet werden können, bei denen zwar die einzelnen Bestandteile nicht neu sind, wohl jedoch ihre Zusammensetzung zum Gesamtmaterial. Zu den funktionalisierten Oberflächen sind im weitesten Sinne natürlich auch Farben und Lacke zu zählen, bei denen neuartige optische oder auch Schmutz abweisende Funktionalitäten natürlich von großem Interesse sind. Auch die Beschichtung von Textilien ist in diesem Kontext zu erwähnen.

Bei all diesen Anwendungen ist gegenüber den frühen Herstellungsverfahren von Rubinlasern oder auch gegenüber den auf Nanoskaligkeit beruhenden Verfahren der konventionellen Fotografie oder der Verwendung nanoporöser Filter der innovative Aspekt die gezielte Nutzung von Größen-Eigenschafts-Kausalitäten zur Erzielung einer überaus großen Bandbreite neuer Funktionalitäten bei gezielter Entwicklung verfahrenstechnischer Standardstrategien. Gerade die bewusste Entwicklung von Standardstrategien unterscheidet die Nanotechnologie von der intuitiven Nutzung nanoskaliger Materialien. Standardstrategien zur Präparation nanoskaliger Materialien und Bauelemente werden es auch sein, die mittel- und langfristig zu den großen industriellen Perspektiven führen. Gegenwärtig und kurzfristig sind es hingegen verfahrenstechnische Strategien, die zum Teil bereits entwickelt wurden als von Nanotechnologie noch nicht die Rede war.

Im Bereich der Bauelemente verhält es sich entsprechend. Heutige Ansätze basieren allesamt auf dem planaren Herstellungsverfahren der Mikroelektronik und beschränken sich auf eine Kombination dieser Verfahren mit unkonventionellen Materialien oder Oberflächenfunktionalisierungen. Revolutionäre Durchbrüche hingegen werden erst zu erwarten sein, wenn es gelingt, beispielsweise ein elektronisches Bauelement gezielt aus einzelnen Molekülen aufzubauen, entsprechend einer Strategie, die für die industrielle Massenproduktion geeignet ist. Man sollte sich klar vor Augen führen, dass im Bereich elektronischer und sogar elektrischer Bauelemente quantenphysikalische Phänomene bereits seit langem explizit genutzt werden. Das gilt für die Laser sowie auch für Halbleiterbauelemente, deren Funktionsweise natürlich auf der elektronischen Bandstruktur des Materials beruht. Es gilt aber auch für Kabel oder Generatoren aus supraleitenden Komponenten.

Auch bei den elektronischen Bauelementen ist mit Nanotechnologie im engeren Sinne die bewusste Nutzung von Funktionalitäten, die aus der Nanoskaligkeit des Bauelementes resultieren, gemeint. Dabei sind unter Umständen weder Herstellungsverfahren noch Funktionsweise neu, sondern nur der Einsatzbereich innovativ.

Ein elektronisches Bauelement, welches sich gegenwärtig in der Markteinführungsphase befindet, ist das Tunnel-Magnetowiderstandselement. Dieses besteht im Wesentlichen aus zwei ferromagnetischen Schichten, die durch eine isolierende Barriere mit einer Dicke von größenordnungsmäßig nur einem Nanometer voneinander getrennt sind. Beim Anlegen einer elektrischen Spannung an die beiden ferromagnetischen Schichten „durchtunneln" Elektronen die isolierende Zwischenschicht. Die Folge ist ein messbarer elektrischer Strom, dessen Größe sich allerdings mit einem von außen einwirkenden Magnetfeld stark ändert. Die enthaltenen Schichten werden mittels Standardverfahren aus der Mikroelektronik hergestellt. Das Auftreten des „Tunneleffekts" ist seit der Entwicklung der Quantenphysik, d. h. seit langer Zeit, bekannt und konnte auch experimentell nachgewiesen werden, lange bevor man von Nanotechnologie sprach. Innovativ am Tunnel-Magnetowiderstandselement ist hingegen, dass der Erkenntnisgewinn zur Magnetfeldabhängigkeit elektronischer Transportströme in ferromagnetischen Schichtsystemen sowie die Fähigkeit, die Rauigkeit der Schichten auf Nanometerskala zu analysieren und zu kontrollieren, dazu geführt haben, dass Magnetfelder nunmehr mit einer zuvor unerreichbaren Genauigkeit unter Umgebungsbedingungen gemessen werden können. Dies wird dem Tunnel-Magnetowiderstandselement breite Anwendungen im Bereich der Informationstechnologie und Sensorik eröffnen. Auch dieses Beispiel zeigt, dass heutige Produkte der Nanotechnologie nicht auf enormen Technologiesprüngen fußen, sondern vielmehr aus Verfeinerung und Kombination von Verfahren und Technologien resultieren, die zum Teil seit Jahrzehnten bekannt sind.

Langfristig hingegen ist auch im Bereich von Bauelementen der „Nanosystemtechnik" mit völlig neuen verfahrenstechnischen Ansätzen zu rechnen, die für die industrielle Produktion tauglich sind. Dabei werden Bottom-up-Ansätze insofern eine entscheidende Rolle spielen, als sie die Herstellung von Schlüsselkomponenten, wie beispielsweise Fullerenen, Polymeren oder sonstigen supramolekularen Bausteinen, gestatten. Diese Schlüsselkomponenten müssen dann mit weiteren Strukturen zu einem kompletten Bauelement kombiniert werden, wobei letztlich die Anbindung des Bauelementes an die makroskopische Umgebung mittels *Top-down*-Ansätzen erfolgt. Gerade *Mix-and-match*-Strategien zwischen *Top-down*- und *Bottom-up*-Ansätzen werden hier die entscheidende Grundlage für die industrielle Produktion nanotechnologischer Bauelemente liefern.

Fazit: Heutige nanotechnologische Produktion fußt im Wesentlichen auf Materialkomponenten und verfahrenstechnischen Ansätzen, die seit Jahrzehnten bekannt sind. Der innovative Aspekt besteht in der gezielten Entwicklung von Standardstrategien zur Erzielung neuer Funktionalitäten.

Dabei spielen neuartige Kombinationen von Verfahren und Materialien, also beispielsweise die Kombination von Silizium-basierenden und biochemischen Technologien eine entscheidende Rolle. Langfristig werden gänzlich neue industrielle Produktionsmethoden resultieren, bei denen insbesondere supramolekulare Strategien von Bedeutung sind. Im Bereich der Bauelemente stellen *Mix-and-match*-Ansätze zwischen *Top-down-* und *Bottom-up*-Verfahren eine wichtige Grundlage dar.

3

Wirtschaftliche Umsetzung und Perspektiven

7 Anwendungen der Nanotechnologie

Das eingangs erwähnte große Interesse an der Nanotechnologie, das sich anhand verschiedener Parameter zweifelsfrei feststellen lässt, ist eine Folge zweier ihr innewohnender Charakteristika: Zum einen eignet sich die Nanotechnologie aufgrund ihres ausgesprochenen Querschnittscharakaters, aber auch aufgrund der bahnbrechenden Entwicklungen, die durch Vorläufertechnologien, wie die Biotechnologie oder die Mikroelektronik, hervorgebracht wurden, in ganz hervorragender Weise für vielfältige realistische, aber genauso auch hoch spekulative Visionen. Zum anderen ist das tatsächliche Potenzial der Nanotechnologie, wenn einmal vorausgesetzt wird, dass das machbar ist, was durch kein Naturgesetz ausgeschlossen werden kann, in der Tat immens. Fraglich ist dann nur noch, in welchen Zeiträumen Erkenntnisdefizite überwunden werden und in welchem Umfange sich das zukünftig tatsächlich Realisierte vom Realisierbaren und vom Wünschenswerten unterscheidet.

Die heutige Bedeutung der Nanotechnologie resultiert zum einen direkt aus den schon konkret vorhandenen Anwendungen, aber auch aus den schon konkret absehbaren zukünftigen Anwendungen, die ja bereits heute Weichenstellungen in Form strategischer Entscheidungen und konkreter Entwicklungen voraussetzen. Aufgrund des Querschnittscharakters der Nanotechnologie sind bestehende und absehbare Anwendungen natürlich weit über die unterschiedlichsten Branchen verteilt.

7.1 Elektronik und Informationstechnik

Elektronische Bauelemente haben derzeit ein Marktvolumen von 226 Milliarden Dollar. Das Volumen aller Produkte auf der Basis von Mikroelektronik betrug 2004 1,1 Billionen Dollar und soll im Jahre 2005 bei 1,5 Billionen Dollar liegen. 95 % aller integrierten Schaltkreise sind auf der Basis der Siliziumtechnologie hergestellt. Im Jahre 2002 wurden 27 Milliarden Quadratzentimeter Silizium verarbeitet, was etwa der Fläche von 500 Fußballfeldern entspricht. Der reine Materialwert beträgt 6 Milliarden Dollar. Damit ist die Wertschöpfung, die mittels des Grundstoffs Silizium – letztlich hergestellt aus Sand – erzeugt wird, ungeheuer.

Diese ungeheure Wertschöpfung ist ein Ergebnis einer konsequenten und ökonomiegetriebenen Miniaturisierung elektronischer Bauelemente. Dabei waren zweifellos die wesentlichen Meilensteine die Entwicklung des ersten Computers auf der Basis von Elektronenröhren (ENIAC, 1945), die Entwicklung des Transistors (Bell Laboratories, 1947), die Realisierung des ersten mit Transistoren bestückten Computers (TRADIC, 1955), die Entwicklung integrierter Schaltkreise (Texas Instruments und Fairchild Semiconductor, 1959), die Entwicklung des Minicomputers (DEC, 1965) und die Realisierung des Mikroprozessors (Intel, 1971).

1973 kostete ein Megabit Kapazität bei Speicherchips (DRAM) 75 000 Dollar. Zehn Jahre später war dieser Betrag auf nur noch 130 Dollar gesunken. 1995 lag er dann bei nur noch 3 Dollar, derzeit bei etwa 5 Cent. Gemäß dem in Kapitel 3 bereits erwähnten Moore'schen Gesetz verdoppelt sich etwa alle 18 Monate die Zahl der Transistoren pro Chip. 1970 lag dieser Wert bei rund 4 000, zwei Jahrzehnte später waren es bereits eine Million, und 2007 erwarten Fachleute, dass es eine Milliarde Transistoren je Prozessor sein werden. Dieser dramatische Anstieg in der Integrationsdichte geht einher mit der stetigen Reduzierung der charakteristischen Abmessungen von Bauelementen. Die heute realisierten Strukturbreiten von integrierten Schaltkreisen auf Chips liegen bei 90–130 nm. Fachleute gehen davon aus, dass dieser Wert durch fortschreitende Miniaturisierung bis etwa 2020 auf nur noch 23 nm zu senken ist. Pro Struktureinheit liegen dann nur noch 100 Siliziumatome nebeneinander.

Grundlage des heutigen Herstellungsprozesses ist, wie vor fast 50 Jahren bei der Einführung des integrierten Schaltkreises, die Photolithographie, die heute mit Wellenlängen im tiefen Ultraviolett (193 nm, DUV) arbeitet. Der Übergang zur nächsten Stufe von 157 nm ist eingeleitet und sie wird etwa von 2005 bis 2008 Anwendung finden. Schon heute zeichnet sich ab, dass die Lithographie mit extremer ultravioletter Strahlung (11–13 nm, EUV) zwischen 2006 und 2009 etablierbar sein wird. Dabei ist allerdings zu berücksichtigen, dass klassische optische Elemente wie Linsen nicht mehr eingesetzt werden können, sondern ausschließlich spezielle Spiegel verwendet werden müssen.

In den 60er-Jahren betrug der Durchmesser der verwendeten Siliziumscheiben (*Wafer*) normalerweise 30 mm, in speziellen Fällen auch 38 mm. Heute gibt es nur 3 Topanbieter von Reinstsilizium, wobei Wacker Siltronic der einzige nichtjapanische Anbieter ist. Zurzeit beträgt der Durchmesser für *Wafer* bis zu 300 mm. Gegenüber einem 200 mm-*Wafer* beträgt der Flächengewinn einen Faktor 2,25. Die Kostenvorteile gegenüber der 200 mm-Produktion erreichen bis zu 30 %, da mehr als doppelt so viele Chips bei im Wesentlichen identischen Bearbeitungsschritten produziert werden können. Als eines der ersten Unternehmen weltweit hat Infineon Ende 2001 im Dresdner Werk die Fertigung von 300-mm-*Wafern* aufgenommen, wofür Investitionen von 1,1 Milliarden Euro nötig waren. Die Produktion wurde mit Speicherchips (256 Megabit SDRAM) gestartet, bei denen auf 64 mm^2 Fläche 540 Millionen elektronische Bauelemente untergebracht werden. Wacker Siltronic hat im Jahre 2004 eine Produktionslinie in Freiberg in Betrieb genommen, die 60 000 300 mm-*Wafer* pro Monat fertigt und im Endausbau auf eine Kapazität von 150 000 Wafern pro Monat kommt. Der weltweit größte Einzelmarkt für 300 mm-*Wafer* besteht in Taiwan. Zurzeit liegt der weltweite Marktanteil bei 300 mm-*Wafern* bei circa 20 %.

Die enorme technische und wirtschaftliche Entwicklung der Mikroelektronik basiert wesentlich auf einer positiven Rückkopplung: Elektronik hilft bei der Entwicklung von Elektronik und Computer bauen Computer. Jeder neue technologische Ansatz und damit insbesondere auch die Nanotechnologie muss sich effizient in diese positive Rückkopplung einfügen. Damit wird deutlich, dass alle konkret geplanten Entwicklungen zunächst grundsätzlich von den heute üblichen Herstellungsstrategien und Funktionsprinzipien ausgehen, darauf basierend aber ein ungebremstes weiteres Hinunterskalieren der kritischen Dimensionen voraussetzen. Schon heute sind einzelne Abmessungen innerhalb von Bauelementen – etwa die Breite von Kanälen in Feldeffekttransistoren – klar innerhalb des typischen Ausdehnungsbereichs der Nanotechnologie. Ein weiteres Hinunterskalieren wird keinen Paradigmenwechsel hinsichtlich der Funktionsweise der Bauelemente mit sich bringen, jedoch enorme Anstrengungen, beispielsweise beim Entwickeln geeigneter lithographischer Verfahren. In diesem Sinne bewegt sich die Mikroelektronik kontinuierlich hinüber in eine „Nanoelekronik".

Gerade ein so stark ökonomiegetriebener technologischer Bereich wie die Mikroelektronik kann nicht innerhalb kürzester Zeit auf neue Funktionsprinzipien oder die Verwendung gänzlich neuer Materialien setzen. Die enormen heute zu tätigenden Investitionen für neue Halbleiterfabriken setzen voraus, dass bezüglich der Konfiguration und Funktionsweise der Produkte Planungssicherheit besteht, was eine rasche Implementierung von revolutionären Resultaten aus der Grundlagenforschung ausschließt. Nanotechnologie im eigentlichen Sinne wird nur von Bedeutung sein, wenn sie weitestgehend kompatibel zu heutigen Herstellungsverfahren ist und sich evolutionär einführen lässt. Zudem muss klar ersichtlich sein, wo Nanotechnologie einen Vorteil gegenüber etablierten Ansätzen der Mikroelektronik hat. In einzelnen Bereichen ist allerdings durchaus heute schon sichtbar, wo ein solcher Vorteil liegen könnte. Beispielsweise ist die große industrielle

Bedeutung der Fullerene – genauer der Kohlenstoffnanoröhrchen – unbestritten. Ihr Einsatz als Elektronenemitter in Flachbildschirmen ist bereits im Entwicklungsstadium.

Ein weiteres Beispiel für einen konkreten Paradigmenwechsel – wenngleich zunächst auch nur in einem Nischenbereich – stellen Speicherchips mit ferromagnetischen Speicherzellen (MRAM) dar. Derartige Chips haben den Vorteil, dass sie nicht flüchtig sind und ein Skalierungsverhalten zeigen, welches eine gute Grundlage für die weitere Miniaturisierung darstellt. Derzeit kann man absehen, dass eine Skalierungsgrenze bei circa 25 nm liegen könnte. Seit 2004 sind die Chips kommerziell verfügbar. Sie könnten eine wichtige Grundlage bei der Entwicklung rekonfigurierbarer Logikbausteine darstellen. In heutigen Mikroprozessoren sind die Transistoren quasi fest verdrahtet, sodass Korrekturen an der Schaltung für neue Aufgaben fast nicht möglich sind. Wäre jedoch die Hardware nachträglich problemlos konfigurierbar – aus einem Audioprozessor würde beispielsweise ein Videoprozessor –, so könnten viele Produkte enorm davon profitieren.

Eine wesentliche Triebfeder bei der Weiterentwicklung optoelektronischer Bauelemente ist die enorme Zunahme des weltweiten Datenflusses im Internet. Noch vor kurzem summierte sich dieser Datenfluss auf rund ein Terabit pro Sekunde (eine Billion bit pro Sekunde, entsprechend etwa dem Inhalt von 300.000 Büchern). Allein für die Vereinigten Staaten wird man vermutlich im Jahr 2005 eine Bandbreite von 280 Terabit pro Sekunde benötigen. Derartig große Datenmengen lassen sich nur mittels optoelektronischer Techniken manövrieren. Insbesondere kommt dem Einsatz von Laserdioden eine große Bedeutung zu. Gerade bei der Konzeption von geeigneten Laserdioden bestehen gute Voraussetzungen für den Einsatz nanotechnologischer Ansätze.

Insgesamt sehen Experten eine Reihe von Innovationen, welche die Nanotechnologie möglich machen könnte. Darunter sind:

- die laufende und unauffällige Kontrolle gesundheitsrelevanter Körperfunktionen,
- persönliche Informations-, Kommunikations- und Unterhaltungsgeräte mit erweiterten multimedialen Funktionen bis hin zur Realisierung einer virtuellen Umgebung,
- Sicherheitserkennung über biometrische Merkmale,
- Automobile mit erhöhter Sicherheit durch Assistenz in allen Fahrsituationen,
- das sichere und vernetzte Haus,
- die einfache und sichere Kommunikation zwischen Mensch und Technik.

Fazit: In der Elektronik- und Informationstechnologie werden kurz- und mittelfristig Werkstoffe, Verfahren und Funktionsprinzipien zum Einsatz kommen, die grundsätzlich den heute verwendeten entsprechen. Insbesondere werden Silizium und die aus der Verwendung dieses Materials resultierenden Technologien weiterhin maßgeblich sein. Bereits heute werden Bauelementeabmessungen erreicht, die im Größenbereich der Nanotechnologie liegen. Ein Paradigmenwechsel bei der Konzeption zukünftiger Bauelemente ist nicht notwendig. In Nischenbereichen sind bereits heute nanotechnologische Ansätze in der Entwicklung und werden kurzfristig zu neuen Produkten führen. Ob und in welchem Zeitraum sich revolutionäre Ansätze, wie die Fertigung von Bauelementen aus organischen oder gar biologischen Materialien oder das Rechnen mit einzelnen Quanten (*quantum computing*), durchsetzen, ist derzeit nicht absehbar. In jedem Fall müssen derartige Ansätze allerdings einen kurzfristigen und klaren ökonomischen Vorteil gegenüber konventionellen Ansätzen aufweisen, um Realisierungschancen zu haben.

7.2 Chemie und Werkstoffentwicklung

Die Chemie hat eine natürliche Affinität zum Nanokosmos. Stoffe und ihre Wechselwirkung mit anderen basieren auf Atomen und Molekülen, deren Abmessungen im Nanometerbereich liegen. In der Nanotechnologie werden mittels der Methoden der Chemie Nanomaterialien erzeugt, die zum einen dem Anwender offen stehen und zum anderen in der chemischen Industrie selbst wiederum in Systemen eingesetzt werden, um bestimmte Eigenschaften oder Funktionalitäten zu schaffen. Die Chemie ist per se eine Schlüsselbranche für die industrielle Erschließung von Nanostrukturen. Dabei ist die Kolloidchemie, wie bereits erwähnt, ein direkter Vorläufer der Nanotechnologie, denn Teilchen in einer Größe zwischen einigen Nanometern und etwa einem Mikrometer sind hier maßgeblich. Die Herstellung von Nanoteilchen in Form von Pigmenten oder Dispersionen blickt also auf eine langjährige Entwicklung zurück.

Das Marktvolumen für synthetische Nanopartikel, die im Tonnenmaßstab produziert werden, belief sich im Jahre 2002 auf 40 Milliarden Dollar, wobei die mit diesen Partikeln erzielte Wertschöpfung unberücksichtigt bleibt. Den größten Stellenwert haben Polymerdispersionen mit circa 15 Milliarden Dollar. Katalysatoren, anorganische und organische Pigmente sowie „mikronisierte Compounds" (z. B. Vitamine in wasserlöslicher Form) haben ebenfalls eine große Bedeutung.

Wässrige Polymerdispersionen, d. h. Dispersionen von fein verteilten Kunststoffen in Wasser, sind eine besonders vielseitige Produktklasse und bilden mit einem Anteil von 38 % den wichtigsten Einsatzbereich synthetischer Nanopartikel. Im Jahr 2002 wurden etwa 11 Millionen Tonnen wässriger Polymerdispersionen produziert, die für die Papierveredelung, Farben, Klebstoffe, Lacke und Faserformteile benötigt werden.

Ein weiteres großes Betätigungsfeld der Chemie besteht in der Herstellung komplexer Funktionalitäten bereits auf Teilchenebene. So lassen sich beispielsweise anorganische und polymere Nanoteilchen zu Nanokompositen verbinden. Auch können die unterschiedlichsten Morphologien erzeugt werden, indem anorganische Teilchen auf die Oberfläche von Polymerteilchen oder in ihr Inneres gebracht werden. Im Rahmen dieser Nano-Komposit-Technologie lassen sich beispielsweise die bereits erwähnten Schichten mit biozider Wirkung herstellen, bei denen das Biozid weder ausgewaschen noch ausgedampft werden kann. Die biozide Wirkung basiert auf der Einlagerung von Silbernanopartikeln.

Eine Nanodomäne ist bereits heute die Katalyse. Nanoporöse Katalysatormaterialien besitzen vielfältige Anwendungen und sind häufig konventionellen Katalysatormaterialien bei weitem überlegen. Eine spezielle Anwendung innerhalb der chemischen Industrie selbst liegt in der Verwendung der Materialien in Mikroreaktoren. Mit briefmarkengroßen Mischern, Reaktionsgefäßen und Wärmetauschern, die aus mikro*fluidischen* Anordnungen bestehen, lassen sich stark exotherme und endotherme Reaktionen gezielter und sicherer führen und Hochdurchsatzverfahren der kombinatorischen Chemie realisieren. Benötigt werden nanostrukturierte Katalysatoren als Füllmaterial mit einer großen inneren Oberfläche für hohe Stoffdurchsätze.

Gänzlich neue Impulse werden durch Verwendung nanostrukturierter Materialien auch zur Entwicklung organischer Metalle erwartet. Letztere sind Polymere, die einige für Metalle charakteristische Eigenschaften aufweisen. Anwendungen liegen langfristig im Bereich der Mikroelektronik und kurzfristig vor allem in der Leiterplattentechnologie und in der Entwicklung von leichten Kunststoffbatterien.

Einer der chemischen Wohstandsindikatoren ist das Titanoxid (TiO_2): je höher der Verbrauch desto moderner die Volkswirtschaft. Seit Jahrzehnten werden große Mengen des Pulvers weltweit produziert, wobei die typische Partikelgröße bei 300–500 nm liegt. Titanoxid-Partikel sind der klassische „Weißmacher" für Lacke oder Farben, Synthesefasern, Kunststoffe und Papier. Am Titanoxid lässt sich *par excellence* demonstrieren, wie physikalische Eigenschaften und damit auch Anwendungen von der Partikelgröße abhängen.

Nanopartikel aus Titanoxid reflektieren kein sichtbares Licht mehr, sondern sind transparent. Dadurch wirkt nanoskaliges Titandioxid als unsichtbare physikalische Barriere für UV-Strahlung und eröffnet so innovative Möglichkeiten, Schäden durch Lichteinstrahlung zu verringern. Das Material ist Grundlage neuester Generationen von effektiven Sonnenschutzpräparaten der kosmetischen Industrie. Im Gegensatz zu organischen UV-Absorbern werden die mineralischen Partikel von der Haut nicht aufgenommen und zeichnen sich deshalb durch eine besonders gute Verträglichkeit und hervorragende Stabilität aus. Bei dieser Anwendung sind die Partikelgrößen typischerweise 10–15 nm. Sonnenschutz ist jedoch keinesfalls nur ein Thema für die kosmetische Industrie. Auch viele Gebrauchsmaterialien zeigen unter dem Einfluss von UV-Licht Schäden. Der kritische Wellenlängenbereich des Lichts liegt dabei zwischen 315 und 350 nm. Da jedoch erst Wellenlängen unterhalb von 315 nm durch Fensterglas absorbiert werden, entstehen auch im Inneren von Gebäuden Schäden. Nano-Titandioxid in Holzschutzmitteln kann beispielsweise das Ausbleichen und Vergilben reduzieren. Auch Textilien lassen sich mittels der Nanopartikel schützen. Neuere Anwendungen sehen den UV-Schutz für Lebensmittelfolien sowie sonstige Verpackungen vor.

Weitere Einsatzgebiete nanokristallinen Titandioxids liegen im Bereich der Katalyse. Die Partikel optimieren die Zersetzung von Stickoxiden in Kraftwerken und im Abgas von Automobilen. In der industriellen Chemie katalysieren sie den Aufbau komplexer organischer Systeme. Als effektiver Photokatalysator wird Titanoxid für UV-induzierte Abbaureaktionen, z. B. in der Wasseraufbereitung eingesetzt.

Wie bereits die Goldpartikel in den römischen Herstellungsverfahren für das Rubinglas werden auch moderne mineralische Nanopartikel zur Erzielung optischer Effekte eingesetzt. Aufgrund der selektiven Blaustreuung sorgen Titandioxid-Partikel in Lacken der Automobilindustrie für besondere Farbeffekte. Nanopartikel aus Glimmer mit dünnsten Schichten aus Titan- und Eisenoxid überzogen, die zwischen 60 und 240 nm dick sind, werden als „Perlglanz-Pigmente" verwendet. Diese finden nicht nur in Automobillacken, sondern auch für Kosmetikfarben Verwendung. Die Filmdicke entscheidet über die Farbe. Mehrere Schichten erzeugen besondere optische Effekte, wobei sich die Farbe abhängig vom Betrachtungswinkel verändert. Ein weiteres Glanzpigment für kosmetische Anwendungen ist Wismutoxichlorid. Auch nanokristallines Nano*sphere*-Siliziumdioxid, beschichtet mit Eisen- oder Titanoxid, wird auf innovative Weise in der Kosmetikindustrie eingesetzt. Abgelagert in Hautfalten, führt die diffuse Lichtstreuung dazu, dass Falten in ihrer Sichtbarkeit reduziert werden. Führende Kosmetikkonzerne setzen derartige Nanopartikel in verschiedenen Produkten ein.

Ähnlich wie Titandioxid könnte zukünftig auch Siliziumdioxid (SiO_2) zu einem Material werden, aus dem Nanopartikel für eine Vielzahl von Anwendungen benötigt werden. Dispersionen von Siliziumoxid in Kunstharzen, aufgebracht auf herkömmliche Materialoberflächen, haben folgende Vorteile:

- beträchtliche Steigerung der Oberflächenhärte, der Kratz- und Abriebsfestigkeit
- Verbesserung der mechanischen Merkmale, wie Zähigkeit, Steifigkeit und Schlagfestigkeit bei unveränderlicher Wärmeformbeständigkeit,
- gesteigerter Flammschutz,
- verbesserte elektrische Isolierung und thermische Leitfähigkeit.

Bei all diesen Vorteilen bleiben die positiven Eigenschaften des ausgehärteten Basisharzes weit gehend unverändert erhalten. Dazu gehören insbesondere die Temperatur- und Witterungsbeständigkeit sowie die Chemikalienresistenz. Einsatzbereiche sind kratzfeste Möbel, Autos oder Brillengläser. Die Partikelgrößen sind kleiner als 50 nm und der Siliziumoxidgehalt kann über 50 % liegen, ohne dass die Komposite intransparent oder viskos werden. Damit sind die vorteilhaften Eigenschaften von anorganischen und organischen Materialien nahezu perfekt kombiniert. Weitere Einsatzgebiete sind maßgeschneiderte Industriekleber und Kohlefaser-Verbundwerkstoffe. Erste Produkte sind bereits auf dem Markt.

Der Lotus gilt in Asien als heilig, als Symbol der Reinheit. Die besondere Eigenschaft der Lotuspflanze, Wasser komplett abperlen zu lassen und dabei Staub und Schmutz mitzureißen (siehe Abbildung 7.1) – der Lotuseffekt –, ist zum Sinnbild einer ganzen Kategorie von Oberflächenfunktionalisierungen geworden. Der Lotuseffekt vereinigt zwei wesentliche Eigenschaften: die Superhydrophobie und die Selbstreinigung. Die Superhydrophobie zeigt sich in einem extrem Wasser abweisenden Verhalten. Wassertropfen auf einer entsprechenden Oberfläche bilden runde Perlen und rollen schon bei geringster Neigung von der Oberfläche ab, ohne Wasserspuren zu hinterlassen. Die Kontaktwinkel sind deutlich größer als 140°. In extremen Fällen können sogar 170° erreicht werden, was bedeutet, dass die Oberfläche praktisch nicht benetzbar ist. Entgegen landläufiger Meinungen sind selbstreinigende Flächen – wie auch die Oberfläche des Lotusblattes – nicht besonders glatt, sondern im Gegenteil rau, wenn auch nur im Mikro- oder Nanometerbereich. Bei der Lotuspflanze besteht die Oberfläche aus Wachskristallen,

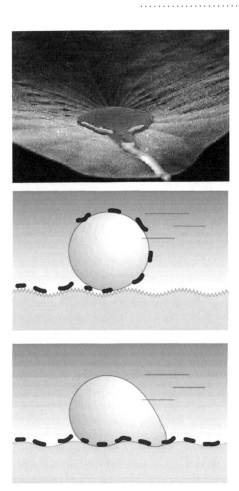

Abb. 7.1: Der Lotuseffekt besteht in einer Kombination aus Hydrophobie und Selbstreinigung (Bartlott, Universität Bonn).

die rau und hydrophob sind. Der Wachsüberzug hat Noppen, die 5–10 μm hoch und 10–15 μm voneinander entfernt sind. Auf dieser Struktur ist *quasi* hierarchisch eine weitaus feinere Nanostruktur realisiert, die aus Wachskristallen mit Durchmessern von circa 100 nm bestehen. Obwohl der Lotuseffekt bei Pflanzen entdeckt wurde, ist er doch primär kein biologischer, sondern ein physikochemischer Effekt. Dies erkennt man daran, dass auch getrocknete Blätter der Lotuspflanze den Effekt zeigen. Nur das Wechselspiel zwischen Rauigkeit und Hydrophobie ermöglicht die besonderen Fähigkeiten der Pflanze. Auf einer rauen Oberfläche ohne hydrophobe Eigenschaften würde Wasser haften. Auf einer glatten, hydrophoben Oberfläche hingegen könnten Tropfen nicht rollen, sondern lediglich gleiten. Dabei würde keine Selbstreinigung stattfinden. Der Lotuseffekt zeigt, dass das Wissen um die physikalischen und chemischen Zusammenhänge im Nanometerbereich entscheidend für die Entwicklung von Materialien mit wirklich neuen und drastisch verbesserten Eigenschaften ist.

Ein viel versprechender Ansatz zur technischen Realisierung des Lotuseffektes besteht darin, durch geschickte Kombination von Nanopartikeln mit stark hydrophoben Polymeren, wie beispielsweise Polypropylen oder Polyethylen, superhydrophobe Materialien und Beschichtungen zu realisieren. Für praktische Anwendungen besonders geeignet ist ein Aerosol, bei dem sich die nanostrukturierte Schicht durch einen Selbstorganisationsprozess während des Trocknens bildet. Dieses „Lotus-Spray" lässt sich sehr leicht applizieren und kann auf beliebige Substrate gesprüht werden. Besonders vorteilhaft sind raue Flächen, wie Papier, Leder, Textilien oder Mauerwerk. Bei nachlassender Wirkung ist eine einfache Reapplikation möglich. Derzeit bestehen noch Probleme darin, dass der Kontakt mit tensidhaltigen, wässrigen Lösungen zu einer Reduzierung der Hydrophobie führt. Auch öl- und fetthaltiger Schmutz wird nur schwer entfernt. Darüber hinaus sind die derzeitigen Schichten nicht völlig transparent und werden relativ leicht abgerieben. In der Entwicklung ist auch der „Lotus-Stein", bei dem sogar eine Behandlung mit Schleifpapier keinen Einfluss auf den Lotuseffekt hat. Applikationen liegen im Baubereich.

In vierjähriger Entwicklungsarbeit wurde die Fassadenfarbe Lotusan® entwickelt, die in ersten Dauertests tatsächlich die vorteilhaften Eigenschaften des Lotusblatts repräsentiert. Auch Tondachziegel mit inhärenter Selbstreinigung wurden auf den Markt gebracht. Besonders viel versprechend sind selbst reinigende Polymeroberflächen. Einen Schwerpunkt der Entwicklung bilden hier selbst klebende, weit gehend transparente Folien für Verkehrsschilder, Oberflächen im Badbereich, Gartenmöbel, aber auch Solarzellen zur Vermeidung von Schmutzschichten. Auch auf Fliesen und Geweben sind Wasser abweisende Eigenschaften erstmals ohne Verwendung von Fluorcarbon-Harzen oder Silikonölen zugänglich. Die auf Textilien erzielte Hydrophobie übersteigt bei weitem die von Goretex®. Schließlich gibt es auch erste Erprobungen von Lotusschichten in Gefäßen, bei denen es auf eine vollständige Entleerung ankommt. Ein Beispiel wären hier Pipettenspitzen.

Partikel mit besonderen funktionalen Eigenschaften sind die Ferrite (oxidkeramische Werkstoffe, die Eisen enthalten). Nanoferrite zeichnen sich durch den Superparamagnetismus aus und besitzen eine große spezifische Oberfläche. Sie lassen sich transparent in nahezu allen flüssigen Medien formulieren. Drei Produktformen sind von besonderer Bedeutung: Pulver, Pasten und Ferrofluide.

Eine Anwendung der Nanoferrite sind schaltbare Klebstoffe (*bond/disbond-on-command*). Die nanopartikulären Ferrite nehmen Energie aus magnetischen Wechselfeldern auf und geben diese in Form von Wärme an die unmittelbare Umgebung ab. Dies lässt einen schnellen, gezielten und lokal definierten Eintrag von Energie und dadurch das „Schalten" von Eigenschaften der umgebenden Matrix (z. B. aus Polymeren) zu. Mikrowellenhärtende Klebstoffsysteme besitzen eine extrem kurze Aushärtezeit und lassen durch Zufuhr weiterer elektromagnetischer Energie eine Trennung der verklebten Materialien zu. Anwendungen bestehen z. B. in der Automobilindustrie, wo durch Verwendung von schaltbaren Klebstoffen das *Recycling* deutlich erleichtert werden dürfte.

Es ist evident, dass ein enormes Potenzial für Nanomaterialien in der nachträglichen Funktionalisierung bereits bestehender Materialien und ganzer Vorrichtungen und Maschinen besteht. Besonders deutlich wird dies am Beispiel der *Easy-to-clean*-Beschichtungen. Entsprechende Produkte lassen sich nachträglich auf Sanitärkeramiken, Fliesen, Druckerwalzen oder auch Autoscheinwerfer aufbringen und können gegebenenfalls reappliziert werden. Natürlich bildet die nachträgliche Beschichtung neben der Entwicklung inhärent funktionaler Materialoberflächen ein gewaltiges Marktsegment. Auch Korrosionsschutz, Abriebfestigkeit oder die Reduzierung von Reibungseffekten (z. B. Sportgeräte) bilden umfassende Anwendungsbereiche.

Eine vollkommen andere Anwendung für Suspensionen aus Nanopartikeln besteht in der Markierung. Wie bereits erwähnt, sind genügend kleine Nanopartikel optisch vollkommen transparent und eine Suspension erscheint vollkommen farblos. Solche Suspensionen lassen sich mit Tintenstrahldruckern auf den verschiedensten Unterlagen aufbringen und zur Kennzeichnung verwenden. Unter Beleuchtung mit UV-Licht zeigen die Nanopartikel in Abhängigkeit von ihrer Größe eine markante Fluoreszenz – quasi einen spektroskopischen Fingerabdruck –, die sich zur Produktkennzeichnung einsetzen lässt. Die Fälschungssicherheit ist relativ hoch, da sich der Effekt nur unter Verwendung der entsprechenden Nanopartikel herstellen lässt. Nanopartikel lassen sich auch als Biomarker verwenden. Sie wirken als Kontrastmittel bei Röntgenuntersuchungen und lassen sich durch Oberflächenmoleküle so funktionalisieren, dass sich Antigene, Eiweiße, Hormone oder auch Tumorzellen nachweisen lassen, indem sich die Partikel aufgrund der „Fängermoleküle" anlagern und über ihre Fluoreszenz oder ihren Röntgenkontrast nachgewiesen werden können. Das Umsatzvolumen nanopartikulärer Marker sollte dabei nicht unterschätzt werden: Der Markt für Titandioxidpartikel als UV-Absorber in der Kosmetik hat zurzeit eine Größe von etwa 140 Millionen Dollar. Das weltweite Volumen für Biomarker wurde im Jahr 2000 bereits mit 4 Milliarden Dollar abgeschätzt.

Bei den heute käuflichen Nanopartikeln handelt es sich zum überwiegenden Teil um vier oxidische Verbindungen: Siliziumoxid, Titanoxid, Aluminiumoxid und Eisenoxid. Hauptabnehmer für solche Partikel ist die Elektronik- und Informationstechnologiebranche mit fast 75 % der gesamten Produktion. Die größte Einzelanwendung ist hier das chemisch-mechanische Polieren von Silizium-*Wafern* mittels Pulversuspensionen aus Silizium- und Aluminiumoxid. Die zweitgrößte Anwendung für Nanopartikel sind derzeit Magnetspeichermedien. Andere große Anwendungsbereiche sind Biomedizin und Pharmazeutik sowie Energie, Katalyse und strukturelle Anwendungen (Maschinenbau).

Eine ganze Kategorie neuer Möglichkeiten basiert auf der Verfügbarkeit von Fullerenen in industriell relevanten Mengen. Die chemischen und physikalischen Eigenschaften dieser vielseitigen Bausteine der Nanotechnologie unterscheiden sich dramatisch von denen des Graphits und denen des Diamants. Von großer technischer Bedeutung ist die Löslichkeit der Fullerene in organischen Lösungsmitteln. Anwendungsmöglichkeiten werden unter anderem in den Bereichen Katalyse, Schmierstoffe, Solarzellen, Sensorik und Pharmazie gesehen. Auch die Umwandelbarkeit von Fullerenen in Diamanten eröffnet unter Umständen viel versprechende Anwendungsfelder. Speziell Nanoröhrchen eignen sich darüber hinaus zur Herstellung neuer Verbundwerkstoffe, wobei ein hervorstechendes Merkmal der Röhrchen insbesondere ihre hohe Bruchfestigkeit ist. Futuristischere Einsatzmöglichkeiten, die aber gleichwohl Gegenstand intensiver Forschung sind, sind die Wasserstoffspeicherung, der Einsatz in Ionentriebwerken oder die Herstellung von quantenelektronischen Bauelementen. Die industrielle Produktion Letzterer sehen Fachleute nicht vor dem Jahr 2010, was in etwa die zeitliche Perspektive der visionären Einsatzbereiche markiert.

Fazit: Im Bereich der chemischen Industrie und Werkstoffentwicklung spielt die Nanotechnologie bereits heute eine bedeutende Rolle. Den größten

Anteil am Gesamtmarkt haben Nanopartikel, Komposite und ultradünne Schichten. Gemessen an der Wertschöpfung, die mit nanostrukturierten Materialien erzielt werden kann, ist der direkte Umsatz eher gering. Im Gegensatz zu vielen anderen potenziellen Anwendungsbereichen der Nanotechnologie gibt es klar definierte erste Produkte, deren Funktionalität auf der Nanoskaligkeit von Materialkomponenten basiert. Im Rahmen zukünftiger Entwicklungen ist zu erwarten, dass speziell die Fullerenchemie die Möglichkeit zur Herstellung völlig neuer Werkstoffe eröffnet.

7.3 Medizin und Pharmazie

Die Nanobiotechnologie ist ein Teilgebiet der Nanotechnologie, angesiedelt an der Schnittstelle zur Biotechnologie (Hartmann 2003). Zu unterscheiden sind die Bereiche *Bio-to-nano* und *Nano-to-bio*. Im zuerst genannten Bereich wird darauf abgezielt, Prinzipien der Biologie ebenso wie biologische Komponenten in technischen Systemen nutzbar zu machen. Prinzipien der Biologie sind beispielsweise die molekulare Selbstorganisation oder auch die Selbstheilung von Defekten. Biologische Komponenten sind etwa molekulare Motoren oder biofunktionale Moleküle. Im zweiten Bereich geht es darum, nanotechnologische Verfahren und Materialien zur Manipulation biologischer Systeme einzusetzen. Ein Ziel ist etwa die Entwicklung biokompatibler Werkstoffoberflächen oder die Realisierung von hoch wirksamen partikulären Trägersystemen für Arzneimittel.

Während der *Bio-to-nano*-Bereich noch rein erkenntnisorientiert ausgerichtet ist, so gibt es im *Nano-to-bio*-Bereich bereits eine Reihe von industriell relevanten Entwicklungen. So sind bereits seit Jahren Präparate in der medizinischen Anwendung, die nach heutigem Verständnis zur Nanotechnologie zu zählen sind. Ein Bestreben dabei ist es, Wirkstoffe mit Intelligenz auszustatten, damit sie selbstständig, selbst erkennend und spezifisch an ihren eigentlichen Wirkort gelangen (*drug targeting* und *controlled release*). Die Vorteile liegen auf der Hand. Nicht der gesamte Organismus wird unter ein Medikament gesetzt, sondern nur ein eng umgrenzter erkrankter Bereich. Die wohl ältesten Nanoteilchen für Therapiezwecke sind Liposomen, in denen sich vor allem Chemotherapeutika, aber auch Nukleinsäuren für die Gentherapie verstecken lassen. Liposomen sind künstlich hergestellte Transportvehikel, die mit unterschiedlichen Wirkstoffen beladen werden können. Die Wirkstoffe liegen in verkapselter Form vor und sind wesentlich unempfindlicher gegenüber äußeren Einflüssen. Zudem erreicht man eine Dispersivität von ansonsten in Wasser unlöslichen Wirkstoffen. Auch die oberflächenabhängige Verlängerung der Bluthalbwertszeit sowie eine verringerte systemische Toxizität werden erreicht. Liposomen lassen sich durch Variation äußerer Umgebungsbedingungen in ihren Eigenschaften verändern. So werden sie beispielsweise bei Veränderungen des ph-Wertes durchlässig. Dies erlaubt in gewissen Grenzen eine Steuerung des Freisetzungsprozesses von Wirkstoffen. Heute ist eine ganze Reihe von Partikelsystemen, darunter auch rein anorganische, in der Entwicklung und teilweise kurz vor der Markteinführung. Die Möglichkeit, mit partikulären Trägern auch biologische Barrieren zu überwinden und das selektive Erreichen von Zielstrukturen macht Partikelsysteme auch äußerst interessant für die Diagnostik. Mit speziellen „Fängermolekülen" an der Oberfläche ausgestattete Partikel lagern sich selektiv beispielsweise an Tumorzellen an und können über einen Röntgen-, Magnetresonanz- oder radioaktiven Kontrast lokalisiert werden. Eine spezielle Applikation im Bereich nanopartikulärer Systeme stellt die bereits erwähnte Magnetflüssigkeits-*Hyperthermie* dar.

Ein sehr großer anderer *Nano-to-bio*-Anwendungsbereich ergibt sich aus der Entwicklung biofunktionaler Materialien und Materialoberflächen. Nanostrukturierte Implantatoberflächen sollen beispielsweise eine bessere mechanische Verankerung von Implantaten sicherstellen oder auch, beispielsweise bei Blutgefäßprothesen, eine Ablagerung biologischen Materials verhindern. Ein weites Anwendungsspektrum gibt es auch für biozide Materialien.

Seit etwa 3 000 Jahren ist bekannt, dass Silber eine biozide Wirkung besitzt. Heute weiß man, dass positiv geladene Ionen Enzyme zerstören, die Nährstoffe zu Zellen transportieren und die Zellmembran, das Zellplasma und die Zellwand destabilisieren sowie die Zellteilung stören. Silbernanopartikel in Kompositmaterialien verleihen den Materialien eine ausgeprägt biozide Wirkung, wobei das Wirkungsspektrum zum Teil dasjenige von Antibiotika übertrifft. Heute gibt es nanostrukturierte Silberbeschichtungen für medizinische Instrumente und andere hygieneintensive Bereiche in der Lebensmittelproduktion, im Haushalt, in der Kosmetik, aber auch bei Textilfasern, Filtern und Dichtungen.

Einen weiten Bereich für innovative nanotechnologische Produkte stellt die Zahnpflege dar. Bei der Reinigung von Zähnen handelt es sich letztendlich um einen Schleifprozess, bei dem es darauf ankommt, dass das Schleifmittel weicher ist als der Zahlschmelz, aber härter als die Schmutzpartikel. Hier bietet sich ein breites Anwendungsspektrum für Zahncremes auf der Basis geeigneter Nanopartikel, wobei letztlich vorstellbar ist, dass neben der Reinigungsfunktion auch eine effiziente Regeneration defekter Stellen im Zahnschmelz induziert wird. Große Hoffnungen werden hier auf den nanoskaligen Hydroxylapatit gesetzt, dessen Applikation folgende Vorteile bieten könnte:

- Reparatur von Fehlstellen mit naturidentischem Material statt einer körperfremden Schicht im Mund,
- Ausgleich des Zahnschmelzverlusts nach der Reinigung,
- höhere Reinigungswirkung.

Neben den genannten Applikationen, in denen Nanopartikel oder Nanomaterialien maßgeblich für die Funktionsweise der Verfahren sind, hat die Nanotechnologie auch eine systemische Bedeutung, insbesondere für die Entwicklung von Bio*chips* für zukünftige Entwicklungen im Bereich implantierbarer Systeme, beispielsweise zur gesteuerten Freisetzung von Wirkstoffen oder permanenten Überwachung von Körperfunktionen.

Nach Meinung der Experten sind in den kommenden fünf bis zehn Jahren im *Nano-to-bio*-Bereich folgende wesentlichen Entwicklungen zu erwarten:

- Nanoskalige Sensoren werden zur Messung physiologischer Parameter im Inneren des Körpers zur Diagnostik und Steuerung von Therapiemaßnahmen von außen eingesetzt.
- Implantierbare oder über die Blutbahn applizierbare Bio*chips*, die von außen kontrollierbar sind, ermöglichen eine zeitlich gesteuerte Abgabe von Wirkstoffen.
- Nanoventile, -pumpen, -manipulatoren und -sensoren lassen sich in den Körper einbringen und werden mithilfe externer Elektronik gesteuert.
- Nanopartikuläre Trägersysteme mit von außen beeinflussbarer Beladung übernehmen den Transport und die Freigabe biologischer Wirkstoffe und Therapeutika und ermöglichen die Erkennung von kleinsten Tumorläsionen, wobei trägergebundene Isotope oder superparamagnetische Teilchen verwendet werden, die sich mittels Magnetresonanztomographie auffinden lassen.
- Nanostrukturierte Werkstoffe generieren neuartige Beschichtungen als Grenzschichten zwischen biologischem Material und Prothesen bzw. Implantaten, die Abstoßungsreaktionen verringern, für die rekonstruktive Chirurgie, den Organersatz und das *Tissue-Engineering*.

Wie bereits erwähnt, sind die meisten *Bio-to-nano*-Anwendungen noch wesentlich spekulativer. Der wesentlichste Aspekt hier besteht darin, Bauprinzipien der Natur nachzuahmen, um neue Werkstoffe oder Bauelemente zu realisieren. In gewisser Weise ist es nahe liegend, davon zu profitieren, dass die Natur ihre Materialien in Millionen von Jahren optimiert hat. So ist beispielsweise ein Seidenfaden von Spinnen, lediglich aus Proteinen und

Wasser gesponnen, unglaublich reißfest: Die Belastbarkeit ist um den Faktor 100 höher als bei Stahl und die Dehnungsfähigkeit übertrifft die des Kunststoffs Nylon um das Vierzigfache. Optimierte biologische Lösungen wie z. B. die Struktur des Lotusblattes oder der Aufbau molekularer Motoren und sonstiger Bauelemente am Miniaturisierungslimit wurden bereits erwähnt.

Fazit: In der Medizin und Pharmazie besteht bereits eine ganze Reihe von nanotechnologischen Anwendungen und das Wachstumspotenzial der Nanotechnologie ist enorm. Von industriellem Interesse sind hauptsächlich *Nano-to-bio*-Anwendungen, während *Bio-to-nano*-Anwendungen eher langfristig realisierbar erscheinen. Allerdings dürfte die Nanotechnologie stark von bionischen Ansätzen profitieren. Im Konkreten bestehen nanotechnologische Perspektiven derzeit im Bereich biofunktionaler Materialien und Partikel.

7.4 Feinmechanik und Optik

Mit einem Gesamtumsatz von 31 Milliarden Euro gehört die feinmechanische und optische Industrie zu den wichtigsten Branchen in Deutschland. Die Branche ist überwiegend mittelständisch strukturiert und beschäftigt in mehr als 2 500 Betrieben 216 000 Mitarbeiter. Zu ihr gehören Hochtechnologiebereiche wie Laser- und Labortechnik, die gesamte Breite der Phototechnologien und Medizintechnik. Insbesondere den modernen optischen Technologien wird ein hohes Innovations- und Wachstumspotenzial zugeschrieben. Die traditionell exportstarke und forschungsintensive Industrie erwirtschaftete im Jahre 2002 mehr als 50 % ihres Umsatzes im Ausland. Als Indikator für die Innovationsdynamik kann gewertet werden, dass die Ausgaben für Forschung und Entwicklung im Jahre 2003 etwa 9 % des Umsatzes betrugen.

Optische Technologien übernehmen für Innovationen im 21. Jahrhundert eine Schlüsselrolle. Das gilt nicht nur, wie im Zusammenhang mit der Informationstechnik bereits bemerkt, für die Kommunikation, sondern ebenso für Medizin und Gentechnik sowie für die Bereiche Verkehr und Fertigungstechnik.

Häufig besitzen optische Komponenten eine hohe Querschnittsbedeutung. Obwohl sie nur einen kleinen Teil der Wertschöpfung ausmachen, sind bestimmte Technologien ohne die entsprechenden optischen Elemente nicht denkbar. Ein Beispiel hierfür sind CD und DVD. Die entsprechenden

Technologien konnten sich nur durchsetzen, weil kostengünstige Halbleiterlaser zur Verfügung standen. Im Jahre 2002 wurden mehr als 250 Millionen CD- und DVD-Geräte verkauft. Experten gehen von deutlich zweistelligen Zuwachsraten auch für die kommenden Jahre aus, wobei die Verfügbarkeit blauer Laser die Speicherfähigkeit der Medien noch einmal deutlich erhöhen wird.

Auch in der pharmazeutischen und chemischen Technologie sind optische Komponenten von extremer Querschnittsbedeutung. Bislang dauert die Entwicklung eines Arzneimittels im Allgemeinen 10 bis 15 Jahre und verursacht Kosten in Höhe einiger Millionen Dollar. Hochleistungs-*Screening*-Verfahren mit optischen Markern gestatten heute das Testen von einer Million Substanzen pro Woche bei minimalem Substanzeinsatz. Ähnlicher *Screening*-Verfahren bedient sich auch die kombinatorische Chemie. Es ist evident, dass Hochdurchsatzverfahren zu einer deutlichen Senkung der Entwicklungskosten für Wirkstoffe und Produkte der chemischen Industrie führen.

Schließlich ist Licht zu einem außerordentlich wichtigen Werkzeug in der Bearbeitungstechnik geworden. Geeignete Laser werden zum Bohren, Schneiden oder Schweißen eingesetzt oder auch im Rahmen der optischen Lithographie zur Herstellung mikroelektronischer Bauelemente.

Wo gibt es nun Platz für nanotechnologische Innovationen im Bereich der optischen Industrie? Allgemein besteht ein optisches System in jedem Fall in lichterzeugenden Komponenten und alternativ oder in Kombination aus lichtbeeinflussenden, durch das Licht beeinflussten und lichtdetektierenden Komponenten. Im Bereich aller genannter Komponenten führen nanotechnologische Ansätze entweder bereits jetzt oder vorhersehbar kurzfristig zu Innovationen.

Seit nunmehr etwa einem Jahrzehnt werden mit Nachdruck organische Leuchtdioden (OLED, *organic light emitting diodes*) entwickelt. Sie basieren auf der Injektionselektrolumineszenz polymerer Halbleiterschichten und haben eine Reihe dezidierter Vorteile gegenüber Leuchtdioden aus anorganischen Halbleitern:

- Aufgrund der chemischen Variabilität sind praktisch alle Farben herstellbar.
- Die Dünnschichtsysteme lassen sich großflächig auf flexiblen Trägern aufbringen.
- Bauelemente können potenziell kostengünstig hergestellt werden.

Kommerziell verfügbar sind bereits OLED-Displays, bei denen der Umsatz bereits 2002 80 Millionen Dollar betrug. Bis 2008 sehen Prognosen einen

Umsatz von 2,3 Milliarden Dollar vor. Prototypen von größeren Monitoren gibt es bereits. OLED-Fernseher sollen ab etwa 2010 verfügbar sein.

Es ist denkbar, dass innovative Beleuchtungstechnologien auf OLED-Basis eines Tages auch Glühbirnen und Leuchtstoffröhren ersetzen. Für einige Farben wird schon jetzt die Effizienz von Glühbirnen deutlich übertroffen. Visionärere Vorstellungen haben beispielsweise die elektronische Zeitung vor Augen.

OLED sind als Produkt der Polymerelektronik zu verstehen, die auf der Anwendung leitfähiger und halbleitender Polymere basiert. Funktionelle Eigenschaften wie elektrische Leitfähigkeit, elektrooptische Aktivität und Lichtemission verbinden sich hier mit den für Kunststoffe ureigenen Vorteilen, wie geringes Gewicht, einfache Variationsmöglichkeiten der Eigenschaften durch chemische Derivatisierung, gute Verfügbarkeit und geringe Kosten. Im Bereich der Polymerelektronik bieten sich insbesondere Druckverfahren (Siebdruck, Tintenstrahldruck) zur Deposition von Bauelementen oder ganzen Schaltungen an. Nanotechnologische Aspekte beinhalten die Nanostrukturierung der Polymere und die Kontrolle von Rauigkeiten auf Nanometerskala.

Lichtbeeinflussende Komponenten sind von ausschlaggebender Bedeutung bei den lithographischen Verfahren der Mikroelektronik. Die Beeinflussung von Licht im Rahmen der Projektion des *Chiplayouts* auf den *Wafer* erfolgt mittels Masken, Linsen und Spiegeln. Für die nächste *Chip*generation, die ab 2005 in die Qualifikation geht, sind Wellenlängen von 157 nm vorgesehen, die mittels Fluorlasern erzeugt werden. Beugende Elemente wie Linsen müssen bei dieser Wellenlänge aus einkristallinem Calciumfluorid (CaF_2) hergestellt werden, da die Verwendbarkeitsgrenze klassischer Materialien bei 193 nm liegt. Im EUV-Bereich (11–13 nm), der mittels Plasmalampen zugänglich gemacht werden soll, können dann gar keine beugenden Elemente mehr verwendet werden, sondern die Projektion muss auf der Basis von Spiegeln und Masken (Bragg-Reflektoren) erfolgen, die aus einer Vielzahl von Schichten im Nanometerbereich bestehen. Die erreichbaren Strukturgrößen werden bei 35 nm liegen. Die industrielle Einführung soll im Jahre 2010 stattfinden. Auch hier liegt ein Beispiel positiver Rückkopplung für die Nanotechnologie vor: Nanotechnologie hilft, Oberflächenrauigkeiten und Schichtdicken im Nanometerbereich zu kontrollieren. Mittels der so realisierbaren EUV-Lithographie wird es möglich sein, großtechnisch Nanobauelemente herzustellen.

Die Beeinflussung von Eigenschaften durch Licht wiederum findet beispielsweise bei selbsttönenden Materialien statt. In der Entwicklung sind funktionelle Beschichtungen von Glasoberflächen, deren Transmission schaltbar oder selbstregulierend ist. Auch die Photoleitfähigkeit von Polymeren ist ein Beispiel für die Beeinflussung von Materialeigenschaften durch Licht. Hier sind unzählige weitere Phänomene und Anwendungen vorstellbar und teilweise auch in der industriellen Entwicklung.

Die empfindliche Detektion von Licht spielt beispielsweise eine große Rolle in Bio*chips*, in denen Biomoleküle über fluoreszierende Farbstoffe oder Partikel markiert werden. Auch hier bietet die Nanotechnologie durch die Zurverfügungstellung geeigneter Schichtsysteme und Partikel vielfältige Beiträge.

Nicht nur in der optischen Industrie gibt es positive Rückkopplungseffekte hinsichtlich nanotechnologischer Ansätze. Auch im Bereich der Feinstmechanik – besser der Aktorik und Sensorik – sind nanotechnologische Ansätze von großer Bedeutung. Zu außerordentlich wichtigen und universell einsetzbaren Bauelementen sind hier Piezoaktoren geworden, die es erlauben, durch Anlegen elektrischer Spannungen über den inversen piezoelektrischen Effekt präzise Bewegungen im Nanometerbereich auszuführen. Mittels Piezobauelementen lassen sich höchst empfindliche Dosiersysteme herstellen, die Pikoliter-Präzision (10^{-12} l) erreichen. Derartige Dosiersysteme sind Verfeinerungen von Systemen, die heute in Tintenstrahldruckern oder auch als Einspritzelemente für Motoren Verwendung finden. Feinstdosierungen sind von Bedeutung für Klebetechniken, aber auch im Bereich von Hochdurchsatzverfahren in der Wirkstoffforschung und kombinatorischen Chemie.

Wie bereits erwähnt, sind wichtige Wegbereiter bei der Entwicklung der Nanotechnologie die Rastersondenverfahren, die die Analyse und Manipulation von Materie auf atomarer Skala erlauben. Diese Verfahren, die eine enorme Bedeutung für die Entwicklung nanotechnologischer Ansätze haben und bereits heute teilweise auch für Zwecke der Qualitätssicherung im industriellen Bereich eingesetzt werden, wären nicht realisierbar ohne die Verfügbarkeit präziser piezoelektrischer Stellglieder.

Neben ihrer Bedeutung für die Forschung, Entwicklung und Qualitätssicherung können die Rastersondenverfahren unter Umständen auch massiv parallelisiert werden, sodass eine große Anzahl von Sonden gleichzeitig benutzt werden kann, um millimetergroße Bereiche mit atomarer Präzision zu bearbeiten. Derartige massiv parallele Anwendungen feinstmechanischer Elemente mit Nanometerpräzision würden völlig neue Einsatzbereiche in der Informationstechnologie (Vettinger et al. 2003) und Sensorik (Kohl 2003) gestatten.

Fazit: Im Bereich der optischen Industrie sind bereits heute nanotechnologische Methoden in der Herstellung lichterzeugender, lichtbeeinflussbarer und lichtbeeinflussender Elemente von großer Bedeutung. Hauptanwendungsbereiche sind OLED, optisch funktionalisierbare Materialien und die DUV- und EUV-Lithographie. Im Bereich der Feinstmechanik kommt insbesondere piezoelektrischen Aktoren und mechanischen Sensoren eine große Bedeutung zu.

7.5 Automobilindustrie

Auch die führende Branche Deutschlands, der Automobilbau, setzt bereits jetzt auf nanotechnologische Ansätze und forscht intensiv an weiteren Einsatzmöglichkeiten. Im Mittelpunkt der Innovationen stehen Nachhaltigkeit, Ökologie, Sicherheit und Komfortansprüche. Einsatzmöglichkeiten für nanotechnologische Komponenten und Verfahren bestehen im Bereich des Antriebsstranges, des Leichtbaus, der Energiekonversion, der Schadstoffreduktion, der Fahrdynamik, der Klimatisierung, der Umfeldüberwachung, der Kommunikation, der Verschleißminderung und der Recycelbarkeit.

Ein großer Einsatzbereich für nanostrukturierte Schichten liegt bei allen transparenten Materialien. Nanometerdicke Metallschichten auf den Scheiben sind Grundlage infrarot reflektierender Wärmeschutzverglasungen und lassen sich gleichzeitig zur Temperierung der Scheiben verwenden. Elektrochrome Systeme werden für abblendbare Innenspiegel eingesetzt, die sich der jeweiligen Lichtintensität automatisch anpassen. Nanoskalige Beschichtungen führen zur Reflexminderung bei Armaturen, die sich mittels konventioneller Verfahren in diesem Maße nicht herstellen lassen. Wasser abweisende Antibeschlagschichten auf Scheinwerferabdeckungen erhöhen die Transparenz.

Zum Beginn des 20. Jahrhunderts wurde zufällig entdeckt, dass Rußbeimischungen zu einer deutlichen Verbesserung der Qualität von Automobilreifen führen. Der Effekt besteht darin, dass Rußpartikel dem Kautschuk die Klebrigkeit nehmen und den Reifen belastbarer machen und ihm eine höhere Lebensdauer verschaffen. Heute versucht man gezielt, mittels Nanostrukturierung die Oberflächen der Rußpartikel zu vergrößern, indem die Agglomeration der Nanopartikel gezielt reduziert wird. Dadurch wird die Energiedissipation – die „Walk-Energie" – im Reifen reduziert und der Rollwiderstand sinkt. Eine 30 %ige Verbesserung des Rollwiderstandes eines Fahrzeuges würde den Kraftstoffverbrauch durchschnittlich um etwa 4 % senken.

Entsprechende Optimierungen des Luftwiderstandes, des Wagengewichts oder des Antriebsstrangs hätten eine Minderung des Kraftstoffverbrauchs um durchschnittlich 6 %, 15 % bzw. 28 % zur Folge. Entsprechend ließen sich auch Kohlendioxid und Partikelemissionen verringern. Die durch die Euro 5-Norm ab 2008 vorgesehene Reduzierung an Stickoxiden und Partikeln lässt sich nur über einen deutlich verringerten Kraftstoffverbrauch erreichen, der vorzugsweise durch alternative Antriebe zu bewerkstelligen ist. Brennstoffzellen sind dabei die erste Wahl. Sie verbrauchen entweder fossile Kraftstoffe, wie z. B. Methanol, das in Wasserstoff umgewandelt wird, oder direkt Wasserstoff. Nanotechnologie kann hierbei entscheidende Beiträge liefern, unter anderem bei der Methanol-Einspritzung und Reformierung, zur Wasserstoffspeicherung, bei der Zusammensetzung der Zellenelektrode und der Protonen-Austausch-Membran der Brennstoffzelle.

Eine effiziente Verbrennung von Methanol, aber auch von Kraftstoff in herkömmlichen Antrieben erfordert eine großflächige feine Zerstäubung. Hier können Arrays aus Nanodüsen eingesetzt werden. Derartige „Nanojets" lassen sich durch Einbringen von Kanälen mit Sub-Mikrometerdurchmesser in Materialien wie Silizium oder Siliziumcarbit erzeugen. Derartige Nanokanäle wären auch in Reformern zur Umwandlung von fossilen Kraftstoffen in Wasserstoff von Vorteil. Dazu muss das Innere zusätzlich mit katalytischen Materialien, wie Platin, beschichtet werden.

Nanoporöse Materialien haben auch Potenzial für die Brennstoffzelle selbst, weil die Gasverteilungsschichten für Wasserstoff und Sauerstoff auf den beiden Seiten der Membran große Oberflächen benötigen. Ein weiteres Anwendungsgebiet nanoporöser Werkstoffe sind Schadstofffilter, die unter anderem Rußpartikel mechanisch zurückhalten.

Langfristig sollen fossile Kraft- und Brennstoffe durch Wasserstoff ersetzt werden, der mithilfe von regenerativen Energien erzeugt wird. Für den Aufbau einer Wasserstoffversorgung sind geeignete Speicher unverzichtbar. Auch hier könnten Nanomaterialien wie beispielsweise Fulleren-Komposite weiterhelfen. Die Erwartungen gehen gegenwärtig von einer Speicherkapazität geeigneter Materialien von 10 % aus, die aber bislang noch nicht nachgewiesen wurde.

Nanostrukturierte Werkstoffe sind eine wichtige Grundlage für den Leichtbau. Automobilkonstrukteure konzentrieren sich seit langer Zeit dabei auf die Verscheibung aus Glas, die nicht nur schwer ist, sondern bei Unfällen oder Diebstählen auch leicht zerstört werden kann. Zudem lässt sich Glas nicht beliebig krümmen. Ein innovativer Glasersatz könnte aus Polycarbonat (PC) bestehen, dem Kunststoff, aus dem auch die CD und DVD sind. Der „Smart" verfügt im seitlichen Heckbereich bereits über eine Scheibe aus PC, die dreidimensional so stark ausgeformt ist, dass sie sich aus Glas gar nicht mehr herstellen ließe. Dem PC sind verschiedene Weißpigmente in Nanoform beigemischt, die einerseits transparent sind und andererseits die UV-strahlungsbedingte Alterung der Scheiben reduzieren. Die Kratzfestigkeit wird über Polysiloxanlacke erreicht.

Die Automobilindustrie verspricht sich auch von Nanophasenmetallen, die eine enorme Festigkeit besitzen, tragfähigere Motoren und Rahmenbauteile mit geringem Gewicht. Eine weitere Option stellt der Einsatz nanostrukturierter Keramiken dar.

Im Bereich der Lackentwicklung konzentrieren sich die Bemühungen auf hohe Kratzfestigkeit und selbst heilende Mechanismen. Ansätze beinhalten den Zusatz von Nanopartikeln, aber auch die Verwendung gewalzter Glaskeramiken. Eine autonome Regeneration verspricht man sich auf der Basis Kunststoff gefüllter Nanopartikel oder auch diffusiver Prozesse. Der zusätzlich implementierte „Lotus-Effekt" würde Lacke und Scheiben eine selbst reinigende Eigenschaft verleihen.

Eher im Labormaßstab werden gegenwärtig elektroschaltbare Pigmente entwickelt, bei denen sich die Farbe gezielt variieren lässt. Derartige Pigmente könnten speziell im Innenbereich von Fahrzeugen eingesetzt werden. Konkreter hingegen ist die Verwendung von Ferrofluiden – also Suspensionen magnetischer Partikel – in neuartigen Fahrwerksdämpfern. In Abhängigkeit von von außen einwirkenden Magnetfeldern ändern Ferrofluide ihre Viskosität. Dies macht sie außerordentlich viel versprechend für eine intelligente Fahrwerksdämpfung. Entsprechende Dämpfer sind bereits im Probebetrieb.

Fazit: In Form nanostrukturierter Materialien gibt es weit reichende Anwendungen der Nanotechnologie in der Automobilindustrie. Bevorzugte Einsatzbereiche sind Lacke, Leichtbau, neue Antriebsaggregate und die Fahrwerksdämpfung.

7.6 Energie- und Umwelttechnik

Es ist offensichtlich, dass die fortgesetzte Miniaturisierung, die nanotechnologische Ansätze mit sich bringt, in der Herstellung von Produkten *per se* eine Ressourcenschonung bedeutet, weil die Produkte mit geringerem Materialverbrauch dieselbe Funktion erfüllen wie herkömmliche Erzeugnisse. Auch der Energieverbrauch sowie das Abfallaufkommen sind *per se* geringer.

Von konkreter Bedeutung sind nanotechnologische Ansätze in der solaren Energiegewinnung, deren grundsätzliche Bedeutung auch daraus ersichtlich wird, dass die Sonne im Schnitt täglich eine Energiemenge liefert, die den Primärenergieverbrauch in Deutschland um das Achtzigfache übersteigt. Für die solare Energiegewinnung stehen grundsätzlich zwei Wege offen: die Photovoltaik, also die direkte Erzeugung von Strom mithilfe von Sonnenstrahlung, und die Solarthermik, die die Wärme der Sonnenstrahlung zur Bereitstellung von Heißwasser und gegebenenfalls zur Raumheizung nutzt. Die Effizienz von Solarkollektoren kann durch nanoskalige Funktionsschichten für Glas, die antireflektierend wirken und damit die Transmission von Glas von etwa 92 % auf 99 % erhöhen, vergrößert werden.

Nanoporöse Materialien und Nanomembranen haben eine enorme Bedeutung für die Filtration. Das gilt für die Reinigung von Schmutzwasser ebenso wie für die Meerwasserentsalzung. Mit geeigneten Materialien lassen sich sogar Bakterien, Viren und einzelne Moleküle ausfiltern. Darüber hinaus lassen sich Katalysatoren, Rußfilter und Rauchgasentschweflungsanlagen realisieren. Insgesamt ergibt sich hier ein enormes Wachstumspotenzial für technische Keramiken, aber auch nanoporöse Metalle, wie Nickel-Basis-Superlegierungen.

Nanofilter, die kommerziell erhältlich sind, erlauben die Trennung einwertiger und mehrwertiger Ionen, wodurch der Härtegrad und der Salzgehalt von Wasser sowie auch der Anteil von Keimen, Pestiziden und Herbiziden sowie Kohlenwasserstoffen deutlich gesenkt werden kann. Nanofiltration als rein physikalisches Verfahren ist damit eine echte Alternative zur Umkehrosmose, die nahezu alle Wasserinhaltsstoffe zurückhält.

Nanoporöse Materialien können auch zur Unterstützung katalytischer Prozesse und in Wärmetauschern von Mikrokomponenten eingesetzt werden sowie auch zur Erhöhung der Effizienz bei „Transpirationskühlungen", bei denen das Kühlmedium durch feinste Poren „ausgeschwitzt" wird.

Nanokomponierte oder -strukturierte Materialien werden ferner für Anwendungen zur Substitution von Chrom-VI-Verbindungen als Korrosionsschutz und Haftvermittler für Lacke, bei denen die Toxizität ein Problem ist, in Betracht gezogen, als Flammschutzmittel auf Oberflächen aufgebracht oder als hoch effiziente Schmiermittel verwendet.

Eine besondere Bedeutung kommt dem Korrosionsschutz zu. Allein in den USA liegen Korrosionsschäden bei etwa 300 Milliarden Dollar pro Jahr. In Deutschland beziffert man sie auf deutlich über 50 Milliarden pro Jahr. Rost ist eine Mischung aus verschiedenen Eisenoxiden und Eisenhydroxiden. Die im Rost angesammelten Salze und Eisenionen vergrößern autokatalytisch die Korrosionsgeschwindigkeit. Viel versprechend ist hier unter

Umständen die Beschichtung mit organischen Metallen. Da das organische Metall an der Luft ständig wieder passiviert wird, handelt es sich letztlich um ein sich selbst heilendes System.

Auch bei Baustoffen können nanotechnologische Ansätze zu großen Innovationen führen. Derzeit gibt es Erstentwicklungen im Bereich des faserverstärkten Betons. Nanoskalige Beimischungen sollen hier zu einer besseren Verankerung der Fasern in der Betonmatrix und damit zu deutlich verbesserten mechanischen Eigenschaften des Betons führen. Durch Beschichtung mit wasserlöslichen Polymerdispersionen konnte Lehm wasserfest gemacht werden. Dies hat zur Folge, dass das traditionelle Baumaterial auch ohne es zu brennen verwendet werden kann. Polymerdispersionen könnten so auch viel versprechend für den Schutz von Deichen sein.

Energieumwandlungs- und -gewinnungsprozesse spielen eine überragende Rolle nicht nur für die entwickelten Staaten, sondern auch für die Schwellen- und Entwicklungsländer, deren wirtschaftliche Entwicklung in großem Maße von der Energieverfügbarkeit abhängt. Alternative und regenerative Energiequellen gewinnen dabei natürlich immer mehr an Bedeutung. Neben der Windkraft ruht hier die Hoffnung vor allem auf der Sonnenenergie und hier insbesondere auf der Photovoltaik, also der direkten Umsetzung von Sonnenlicht in Strom.

Experten gehen davon aus, dass sich unter Verwendung von Halbleiter-Nanopartikeln die Kosten zur Herstellung von photovoltaischen Elementen, die bislang mittels etablierter Siliziumtechnologie gefertigt werden, um bis zu 80 % reduzieren lassen. Viel versprechend sind auch Konzepte, die auf der Verwendung synthetischer Farbstoffschichten basieren und sich insbesondere durch einen hohen Wirkungsgrad bei schwacher, diffuser Beleuchtung auszeichnen. Voraussetzung für einen hohen Wirkungsgrad der „Grätzel-Zelle" ist die Güte nanokristalliner Schichten, in die der Farbstoff eingelagert ist. Fortschritte in der Herstellung nanostrukturierter Materialien haben hier zu einer Effizienzsteigerung auf circa 8 % Lichtausbeute und zu einem Wirkungsgrad bei der Energieumwandlung von 12 % geführt. Aufgrund der preisgünstigen Ausgangsmaterialien und der einfachen Herstellungsschritte sind die Farbstoffzellen in ihrer Herstellung relativ kostengünstig.

Die Fortschritte in der Polymerelektronik haben auch organische Solarzellen hervorgebracht, die den Vorteil besitzen, dass sie mechanisch flexibel und kostengünstig in der Herstellung sind. Damit könnten zukünftig organische Solarzellen großflächig in Gebäudeverglasungen integriert und auch auf gewölbten Oberflächen implementiert werden. Selbst die Integration in funktionale Kleidung wäre denkbar. Allerdings erreicht gegenwärtig der Wirkungsgrad der organischen Zellen nur etwa 3 %.

Aller Voraussicht nach wird zukünftig Wasserstoff von umfassender Bedeutung zur Energiespeicherung sein. Im Rahmen einer Wasserstoffwirtschaft soll die Brennstoffzelle in allen Größenordnungen zur Erzeugung elektrischer und thermischer Energie eingesetzt werden. Eine effiziente Wasserstoffwirtschaft unter Verwendung von Brennstoffzellen setzt die effiziente Erzeugung und Speicherung von Wasserstoff voraus und die Verfügbarkeit von Brennstoffzellen mit ausreichendem Wirkungsgrad. Winzige Zellen sollen in mobilen Geräten Anwendung finden, größere für die dezentrale Strom- und Wärmeversorgung von Haushalten sowie für große stationäre Anlagen in der Industrie und für zentrale Aufgaben zum Einsatz kommen. Nanotechnologie wird in den einzelnen Bereichen des Wasserstoffkreislaufs von eminenter Bedeutung sein.

Ein Kernproblem ist die Speicherung und Verfügbarkeit von Wasserstoff, speziell im mobilen Einsatzbereich von Kleingeräten, wo die Verflüssigung bei $-253\,^{\circ}C$ oder die Druckgaslagerung bei 200 bar nicht infrage kommt. Viel versprechend sind hier nanoporöse Materialien mit großer spezifischer Oberfläche. Neben den in Abbildung 4.2 dargestellten Kohlenstoff-Nanoröhrchen werden Hoffnungen in metallorganische Netzwerkstrukturen gesetzt. Ein Beispiel ist ein Gerüstmaterial, bestehend aus Zinkoxid (ZnO)-Nanoclustern, die über Terephthalat-Liganden verknüpft sind. Dabei ergeben sich hoch poröse Raumgitter mit offenen Poren und Kanälen, die ebenfalls im Nanometerbereich liegen, und das metallorganische Gerüst dreidimensional durchziehen. Mit einer Dichte von nur $0,59\,g/cm^3$ handelt es sich um einen der porösesten Festkörper überhaupt. Kohlenstoff-Nanoröhrchen weisen demgegenüber einen Wert von $1,3\,g/cm^3$ auf. 2,5 g der würfelförmigen Cluster verfügen in Form innerer Oberflächen über die Größe eines Fußballfeldes. Man erhält $3000\,m^2/g$ spezifischer Oberfläche, was im Vergleich zu Kohlenstoff-Nanoröhrchen ($200\,m^2/g$), Zeoliten $700\,m^2/g$ und Aktivkohle (800–$2\,000\,m^2/g$) ein beachtlicher Wert ist.

Die Speicherdichten fossiler Energieträger werden mit den Nanospeichern kaum erreichbar sein. Daher konzentrieren sich die Anwendungen der nanoporösen Speicher auf den Einsatz in Kombination mit transportablen Minibrennstoffzellen. Hier wird vor allem der so genannte „4C-Market" für *Computer, Camcorder, Cellphones* und *Cordless Tools* gesehen. Ein Wert von 10 % Speicherkapazität, entsprechend dem Gewicht des Wasserstoffs bezogen auf das Gesamtgewicht, wäre von großem industriellen und wirtschaftlichen Interesse. Die Brennstoffzellen selbst sollen eine etwa zehnfach höhere Energiekapazität besitzen als heutige Lithiumionen-Akkus. Nanostrukturierte Materialien sind auch hier von großer Bedeutung im Bereich der Elektroden, des Katalysators und der Membran.

Erst wenn Wasserstoff mit regenerativen Energien aus Wasser herstellbar wird und auf den Einsatz von Kohlenwasserstoffen fossilen Ursprungs gänzlich verzichtet werden kann, wird der Sprung hin zu einer „Nullemissionstechnologie" gelingen. Wann eine solche Entwicklung vollzogen sein wird, ist schwer prognostizierbar, weil hier nicht nur technologische Entwicklungen maßgeblich sind. Schätzungen zufolge stehen einem derzeit weltweiten Bedarf von jährlich 3,4 Milliarden Tonnen Öl rund 140 Milliarden Tonnen nachgewiesene und mithilfe von konventionellen Techniken gewinnbare Ölvorkommen gegenüber. Weitere 100 Milliarden Tonnen sollen sich in arktischen Böden oder in großen Meerestiefen befinden. Eine Förderung mittels heutiger Technologien ist problematisch weil aufgrund niedriger Temperaturen die Viskosität des Öls hoch ist und somit das Pumpen erschwert wird. Hier könnten hoch wirksame Dämmstoffe, beispielsweise auf der Basis von nanoporöser Kieselsäure, technisch relevant sein. Mit einer Wärmeleitfähigkeit von 18 mW/mK zeigt dieses Material deutlich bessere Isolationseigenschaften als herkömmliche Dämmstoffe. Kombiniert man das nanoporöse Material mit einer Vakuumisolation, so reduziert sich die Wärmeleitfähigkeit weiter. Der zugrunde liegende Mechanismus besteht darin, dass die mittlere freie Weglänge der Luftmoleküle die Porengröße übersteigt und damit Konvektion gänzlich unterbunden ist. Der derzeitige Weltmarkt für mikroporöse Dämmstoffe beläuft sich auf rund 150 Millionen Dollar, wobei die Tendenz für die kommenden Jahre überdurchschnittliches Wachstum vermuten lässt. Der Einsatzbereich von Dämmstoffen reicht von der Kryotechnik über Brennstoffzellen, den Gebäudebereich bis hin zum Automobilsektor, wo Dämmstoffe in Auspuffkrümmern eingesetzt werden.

Fazit: Im Bereich der Umwelt- und Energietechnik gibt es vielfältige Anwendungen für nanostrukturierte Materialien. In der Umwelttechnik besteht ein riesiges Marktpotenzial im Bereich von Filtermaterialien, bei der Substitution toxischer Komponenten, wie Chromverbindungen als Korrosionsschutz und Haftvermittler oder Blei in der Leiterplattenherstellung, allgemein im Bereich des Korrosionsschutzes, sowie bei Baumaterialien. Im Bereich der Energietechnik bestehen Anwendungen bei den alternativen Solarzellen, bei der Optimierung von konventionellen Batterien und ganz besonders im Zusammenhang mit dem Einsatz von Brennstoffzellen. Nanostrukturierte Materialien haben hier eine besondere Bedeutung bei der Wasserstoffspeicherung sowie auch für die einzelnen Komponenten der Zellen selbst. Weitere Anwendungen liegen allgemein im Bereich der Wärmedämmung.

8 Märkte und sozioökonomische Folgen

In Anbetracht der Fülle technologischer Optionen und tatsächlicher Produktentwicklungen, die mit dem Schlagwort „Nano" belegt werden und in Anbetracht der Tatsache, dass der Bezug zur Nanotechnologie zum Teil vage oder auch missbräuchlich ist, besteht ein hoher Bedarf an realistischen Markteinschätzungen als Orientierungshilfe für öffentliche und private Investoren. Quantitative Einschätzungen zum Marktpotenzial der Nanotechnologie sind jedoch spärlich gesät. Hinzu kommt, dass die existierenden Marktzahlen und -prognosen zum Teil um mehrere Größenordnungen divergieren, was natürlich seine Ursache darin hat, dass es grundsätzlich schwierig ist, zu quantifizieren, welchen Anteil Nanokomponenten am eigentlichen Umsatz haben. Abgesehen von diesen Unsicherheiten ist jedoch unstreitig, dass die Nanotechnologie von volkswirtschaftlicher Relevanz ist, was in jedem Fall sozioökonomische Folgen impliziert. Diese resultieren einerseits daraus, dass es gilt, eine möglichst gute Platzierung im globalen wirtschaftlichen Wettlauf zu erzielen, und andererseits daraus, dass Nanotechnologie, wie ausführlich dargestellt, zwangsläufig einen Einfluss auf die Arbeitswelt, das Informations- und Kommunikationsverhalten, das Gesundheitswesen und die Ökologie hat.

8.1 Marktpotenzial

Die Nanotechnologie als relativ junges Technologiefeld wird sowohl in Deutschland und Europa als auch in Asien und den USA als Zukunftstechnologie mit Querschnittscharakter angesehen. Verschiedene Untersuchungen zeigen, dass die höchste Relevanz den Bereichen

- Information und Kommunikation,
- Chemie/Werkstoffe/Verfahrenstechnik,
- Medizintechnik/Gesundheit

beigemessen wird. Grobe Schätzungen gehen von einem heute durch nanotechnologische Erkenntnisse beeinflussten Weltmarktvolumen von um die 100 Milliarden Dollar aus, was circa 500 000 Arbeitsplätzen entspricht. Zwischen 2010 und 2015 wird das Weltmarktvolumen auf etwa 1 Billion Dollar ansteigen (Rieke und Buchmann 2004). Unter den Branchen mit den höchsten Beschäftigungszahlen befinden sich mindestens drei, deren

Zukunft von der Beherrschung nanotechnologischer Verfahren entscheidend beeinflusst werden wird. Die internationale Wettbewerbsfähigkeit der Informations- und Kommunikationstechnologie, der Kraftfahrzeugtechnik und der Chemie basiert wesentlich auf wissens- und forschungsintensiven Industriebereichen, die darauf angewiesen sind, sich durch technische Innovation schneller als ihre Mitwettbewerber auf die Nachfragesituation einzustellen. Ähnliches gilt auch für die Bereiche Optik, Biotechnologie, Medizintechnik und Messtechnik, wo nanotechnologische Ansätze zunehmend eine wettbewerbsentscheidende Rolle spielen werden.

Häufig wird nur betrachtet, welches Potenzial die Nanotechnologie bei der Optimierung bekannter Produkte und Konzeption gänzlich neuer Produkte besitzt. Von großer Bedeutung ist aber bereits heute, dass die Entwicklung und Produktion nanotechnologischer Produkte einen beträchtlichen Markt für Zulieferer darstellt. Dieser Markt erstreckt sich von der Bereitstellung geeigneter Gebäudetechniken über die Realisierung verfahrenstechnischer Vorrichtungen bis hin zur Bereitstellung entsprechender Rohmaterialien. Im Bereich der Verfahrenstechnik besitzen Methoden der Nanoanalytik und Qualitätssicherung auf Nanometerskala eine Schlüsselbedeutung. Ohne Methoden zur Prüfung von Materialeigenschaften und Bauelementfunktionen auf Nanometerskala im Hochdurchsatz ist die großtechnische Produktion undenkbar. Dementsprechend hat sich auch im vergangenen Jahrzehnt ein beachtlicher Zuliefermarkt entwickelt, der Vorrichtungen bereitstellt, die ihrerseits nicht primär nanotechnologischer Natur sind.

Ein weiterer Zuliefermarkt mit Schlüsselbedeutung ist der Bildungssektor. Die nanotechnologische Produktion bringt in erheblichem Umfang einen Bedarf an qualifizierten Arbeitskräften mit sich, der mittelfristig nicht ohne weiteres zu decken sein wird. Hieraus resultiert nicht nur ein Bedarf an naturwissenschaftlich-technisch ausgebildeten Akademikern und speziell geschulten Technikern und Laboranten, sondern auch ein riesiger Bedarf an Fort- und Weiterbildung primär bereits technisch-naturwissenschaftlich ausgebildeter Fachkräfte.

Fazit: Es ist außerordentlich schwierig, das Marktpotenzial der Nanotechnologie für die kommenden Jahre exakt vorauszusagen, was darauf zurückzuführen ist, dass Nanotechnologie sich nicht auf die klassischen industriellen Branchen abbilden lässt, keine einheitliche Technologieplattform darstellt und nanotechnologische Verfahren und Produkte überwiegend am Beginn der Wertschöpfungskette ansetzen. Dementsprechend divergieren die Ergebnisse von Marktstudien im Einzelnen beachtlich, stimmen aber darin überein, dass der Nanotechnologie eine volkswirtschaftliche Bedeutung beizumessen ist. Von nicht zu unterschätzender Relevanz ist auch der Zuliefermarkt, der sich auf Materialien und Vorrichtungen, aber auch auf den Bildungssektor erstreckt.

8.2 Sozioökonomische Folgen

Die Nanotechnologie wird einen industriellen Umbruch stimulieren, der weit in die Zukunft greift und gleichzeitig viele Bereiche der Gesellschaft, wie Technik, Kommunikationsverhalten, Ökologie, Gesundheit sowie globale Vernetzungen und Abhängigkeiten, umfasst. Die teilweise noch im Visionären liegenden Erwartungen, die sich aus den Gestaltungsmöglichkeiten der Nanotechnologie in den unterschiedlichsten Technik- und Wirtschaftsbereichen ergeben, bedingen eine frühzeitige und breite Diskussion von Fragen, die die Wirkungen der Nanotechnologie auf den Lebensbereich der Menschen und die globale volkswirtschaftliche Entwicklung zum Gegenstand haben. Die Ergebnisse einer solchen breit angelegten Diskussion dienen einerseits als Entscheidungsgrundlage für Investoren und andererseits auch der Politik zur Definition globaler flankierender Maßnahmen. Zu solchen flankierenden Maßnahmen zählt nicht nur eine gezielte förderpolitische Stärkung von Leitentwicklungen auf nationaler und internationaler Ebene, sondern auch eine Fortentwicklung rechtlicher Rahmenbedingungen. Ein globales Ziel muss dabei darin bestehen, den Schutz von Mensch und Umwelt auf hohem Niveau zu gewährleisten. Dies bedeutet beispielsweise, dass der rechtliche Rahmen für den Emissions- und Arbeitsschutz hinsichtlich Verfahren, die aus der Nanotechnologie entstehen, überprüft werden muss. Dabei steht natürlich die Synthese und Anwendung von Nanopartikeln im Zentrum der Überlegungen. Ebenfalls ist zu überprüfen, inwieweit biomedizinisch relevante Gesetzgebungen Anwendung finden können, und ob es Weiterentwicklungen im Hinblick auf Sicherheit und ethische Fragen bedarf.

Auch die Rahmenbedingungen zur Nutzung nanotechnologischer Techniken sind zu überdenken. Sind Korrekturen am Patentrecht erforderlich und bedarf es spezieller Standardisierungs- und Normierungsprozesse? Letztere haben einen wesentlichen Anteil am Transfer von Innovationsergebnissen in industrielle Produkte. Besonders im Bereich der Nanotechnologie, in dem neue Größenklassen, sensiblere Prozess- und Nachweisführungen und auch neue Funktionalitäten anvisiert werden, ist der internationale Wettbewerb stark von der Vergleichbarkeit von Produkteigenschaften abhängig. Gleichzeitig tragen internationale Normen stark zur Intensivierung des Welthandels bei.

Neue Technologien wie die Nanotechnologie erfordern neues Wissen und neue Fertigkeiten in allen Bereichen der Wertschöpfungskette. Dies bedeutet, dass nicht nur die Existenz eines kompetenten wissenschaftlichen und wirtschaftlichen Umfeldes, sondern auch die Verfügbarkeit qualifizierter Mitarbeiter ein wichtiger Faktor für die volkswirtschaftliche Entwicklung und somit existenzielle Voraussetzung speziell für die Etablierung der Nanotechnologie ist. Bildung ist somit auch der Schlüssel zum zukünftigen Arbeitsmarkt der Nanotechnologie. Es ist von großer Bedeutung, dass das Bildungssystem in allen Bereichen den neuen Herausforderungen angepasst wird. Diese Anpassungen müssen in der Schule beginnen, sich über Universitäten und Fachhochschulen bis hin zu einem breiten Fort- und Weiterbildungsangebot erstrecken. Besonderes Augenmerk sollte dabei insbesondere auch der Handwerksausbildung zukommen. Für die Universitäten und Forschungseinrichtungen und insbesondere für ihren wissenschaftlichen Nachwuchs wird gelten, dass der Wettbewerb um die besten Köpfe zunehmend härter, globaler, aber auch entscheidender wird.

Letztendlich entscheidend für eine Nutzung der großen Chancen, die die Nanotechnologie potenziell bietet, wird sein, dass Öffentlichkeit und Politik umfassend aufgeklärt sind, dass bereits heute richtige und nachhaltige Entscheidungen für zukünftige Entwicklungen getroffen werden und dass erworbene Altlasten, wie etwa die globale Umweltproblematik und globalpolitische Defizite, die nach wie vor eine unangemessen hohe militärische Präsenz erfordern, technologische Entwicklungen nicht so stark behindern, dass sie sich in ihrer Wirkung nicht rechtzeitig entfalten können. In Anbetracht der heute zumeist beobachtbaren tagespolitischen Betriebsamkeit besteht gerade in der zuletzt genannten Problematik eine der größten Gefahren für die Entfaltung einer maximalen Entwicklungsdynamik der Nanotechnologie.

Fazit: Langfristig wird die Nanotechnologie einen enormen Einfluss auf all unsere Lebensbereiche haben und zu einer teilweise neuen Gewichtung der Volkswirtschaften führen. Sie wird die Chancen für einen globalen Ausgleich der Lebensbedingungen bieten, gleichzeitig aber auch die Gefahr zu stärkeren Ungleichgewichten. Entscheidend ist es, bereits heute die richtigen forschungs-, bildungs-, wirtschafts- und umweltpolitischen Entscheidungen zu treffen.

9 Visionen, Gefahrenpotenzial und ethische Aspekte

Aus naturwissenschaftlicher Sicht ist grundsätzlich das möglich, was nicht durch Naturgesetze ausgeschlossen wird. Eine Teilmenge des Möglichen ist das Realisierbare, dessen Ausmaß davon abhängt, inwieweit es uns gelingt, bestehende Wissensdefizite jemals zu beseitigen. Das Realisierte ist dann eine mehr oder weniger kleine Teilmenge des Realisierbaren und bildet einen Schnittbereich mit dem Wünschenswerten, zu dem gleichwohl natürlich auch nicht Realisierbares zählt. Diese etwas abstrakte Feststellung zeigt, dass das Hauptproblem einer technologischen Zukunftsprognose natürlich darin besteht, dass niemand genau weiß, zu welchen Entwicklungen eine Technologie führt. So ist es nicht verwunderlich, dass es im Verlaufe der Technikgeschichte viele signifikante Fehlprognosen gab. Andererseits sind wir bei Prognosen angewiesen auf das solide Gerüst der Naturgesetze und die in diesem Rahmen vernünftigen Visionen sowie auf Annahmen über unseren Umgang mit ihnen. Genau hierin besteht aber ein weiteres Problem von Prognosen: Der menschliche Umgang mit technologischen Innovationen folgt keinen vorhersagbaren Regeln und schließt damit insbesondere ein Gefahrenpotenzial als Begleiterscheinung technologischer Entwicklungen nicht aus. Fragen nach der Einschätzung positiver wie negativer Technikfolgen und nach unserem Umgang mit ihnen sind Grundlagen ethischer Analysen.

9.1 Visionen

In der Menschheitsgeschichte waren kühne Visionen im Allgemeinen eher äußerst kreativen und mit der Gabe der verbalen Umsetzungskraft ausgestatteten naturwissenschaftlichen Laien vorbehalten. Allerdings ist zu konstatieren, dass sich in den vergangenen Jahrzehnten zunehmend auch naturwissenschaftlich ausgebildete und zum Teil aus der naturwissenschaftlichen Praxis stammende Menschen mit kühnen, aber ernst gemeinten Visionen an die Öffentlichkeit wandten. Im Zusammenhang mit der Nanotechnologie sind hier unter anderem die Namen Ray Kurzweil (Kurzweil 2002), Eric Drexler (Drexler), Bill Joy (Joy 2000) und Michael Crichton (Crichton 2004) zu nennen, die eine weltweite Diskussion über Chancen und Risiken mit entfacht haben. Weit reichende Visionen nähren sich daraus, dass es zunächst nicht offensichtlich im Widerspruch zu den geltenden Naturgesetzen steht, dass jeder beliebige Gegenstand Atom für Atom im Rahmen eines *Bottom-up*-Vorgangs aufgebaut wird. Damit wäre eine Strategie denkbar, die darin besteht, dass molekulare Maschinen molekulare Bausteine zu Produkten zusammensetzen. Zur Unterstreichung der Plausibilität derartiger Visionen wird häufig herangezogen, dass die Biologie uns vorführt, dass solche Maschinensysteme und deren Produkte billig und in Massen hergestellt werden können. Die molekularen Maschinen sind die Proteine und Enzyme, die allerdings nicht universell, sondern hochgradig spezialisiert tätig werden. Einige Visionäre sehen insbesondere in der Kombination von molekularen Maschinen und künstlicher Intelligenz rapide wachsende Möglichkeiten, die bereits in einigen Jahrzehnten Realität werden könnten. Die treibende Kraft ist hier eine exponentiell beschleunigte technologische Entwicklung, die sich insbesondere aus der positiven Rückkopplung – Nanotechnologie produziert Nanotechnologie – speist. Da niemand die Zukunft präzise voraussehen kann, erscheint es im Hinblick auf eine immerhin möglichst präzise Vorhersage ratsam zu sein, aus Fehlern der Vergangenheit zu lernen. Damit besteht jedoch eine wichtige Erkenntnis darin, zu konstatieren, dass

- technologische Entwicklungen bislang nie gut prognostiziert wurden,
- die Entwicklungsdynamik häufig unterschätzt wurde,
- in einzelnen Fällen signifikante Fehlprognosen sogar für die nahe Zukunft erfolgten,
- abenteuerliche Visionen teilweise in erstaunlichem Maße mit der Realität zur Deckung kamen.

Im Zentrum der visionären Überlegungen steht die zukünftige Verfügbarkeit von „Molekularfabriken" (Drexler 1992). In diesen universellen Molekularfabriken würde es dann möglich sein, im Sinne eines fundamentalen *Bottom-up*-Ansatzes molekulare Einheiten „zusammenzubauen". In diesem Sinne wäre Nanotechnologie dann eine extrem ressourcenschonende, effiziente Technologie, da es gleichsam keine Abfälle gäbe und jedes verwendete Atom nach einem *Recycling* wieder verwendet werde könnte. Darüber hinaus ließen sich die molekularen Aggregate so konzipieren, dass sie bei gegebener Funktionalität keine toxikologischen Risiken aufweisen würden. Insbesondere könnte die Konstruktion der Kompartimente biologischen Strategien folgen.

Wenngleich auch *a priori* nicht ausgeschlossen durch Naturgesetze, so ist doch die Frage, ob jemals derart zielgerichtete molekulare Konstruktionsprinzipien zur Verfügung stehen werden. Im Hinblick auf die Machbarkeit muss berücksichtigt werden, dass unter Umständen die Wahrscheinlichkeit, mit der ein komplexes, nanoskaliges Bauelement synthetisiert werden kann, außerordentlich gering ist, so dass entsprechende chemische Reaktionen zu sehr vielen Reaktionsprodukten führen müssten, unter denen sich dann eben auch das eine Ausgewählte befindet. Dabei ist nicht ausgeschlossen, dass die benötigte Zeit zur Herstellung des gewünschten Systems das Alter des Universums übersteigt, und damit eine Realisierung, insbesondere unter Gesichtspunkten der Massenproduktion, als unrealistisch zu betrachten ist, obwohl unter naturwissenschaftlichen Gesichtspunkten nicht gänzlich auszuschließen. Wir wissen bislang zu wenig über molekulare oder supramolekulare Prozessführungen, bei denen die Selbstorganisation zu einem Bauelement mit genau vorgegebener Funktionalität führen könnte. Andererseits ist die molekulare Nanotechnologie nur auf der Basis chemischer oder biochemischer Prozessführung wirklich vorstellbar, da maschinelle Vorrichtungen, wie *molecular assemblers*, nach dem Vorbild Eric Drexlers (Drexler) schon deshalb schwer vorstellbar sind, weil die Strukturen, mit denen die Nanostrukturen zusammengesetzt werden könnten, selbst entsprechend viel kleiner sein müssten.

Im Hinblick auf Prognosen besteht also ein Problem darin, abzuschätzen, was jemals technisch möglich sein wird, und darüber hinaus im Hinblick auf das Realisierbare abzuschätzen, wann es realisierbar sein wird. Die Eigenschaften von Nanosystemen können zu einem gewissen Teil anhand von Skalierungsrelationen und heute bereits bekannten Phänomenen des Mikrokosmos abgeschätzt werden. Visionen, die auf der Basis dieser fundiert vorhersagbaren Eigenschaften basieren, können als ernst zu nehmende Zielsetzungen zur Definition von Forschungs- und Entwicklungsschwerpunkten fungieren. Wird dann die Verfügbarkeit entsprechender Nanosysteme hypothetisch angenommen, so lassen sich neue Anwendungsfelder definieren und Technikfolgen abschätzen. „Kalkulierte Visionen" sind also durchaus von Bedeutung für zukünftige Entwicklung der Nanostrukturforschung und der Nanotechnologie. Im Gegensatz zur *Science-fiction*-Literatur, die im Allgemeinen nicht den Anspruch einer späteren Realisierung der Vision erhebt, besteht im Hinblick auf prospektive Einschätzungen der Nanotechnologie das Hauptziel darin, die Realisierung der Zukunft möglichst genau vorauszusagen.

Fazit: Hinsichtlich einer Vorhersage der durch die Nanotechnologie im kommenden halben Jahrhundert geschaffenen Möglichkeiten bestehen extrem große Unsicherheiten. In Teilbereichen gestalten sich selbst Prognosen für die kommenden zehn Jahre außerordentlich unsicher. Diese Unsicherheiten lassen sich wertfrei aus dem Vergleich von Prognosen ähnlich kompetenter Fachleute ablesen.

9.2 Gefahrenpotenzial

Es ist evident, dass eine umfassende technologische Umwälzung auch ein umfassendes Gefahrenpotenzial mit sich bringt. Wiederum sind die Einschätzungen dieses Gefahrenpotenzial betreffend sehr kontrovers. So gibt es Mahner, die ein völliges Entgleiten der Technologie und eine globale Bedrohung der Menschheit für möglich halten, und andere, die im Wesentlichen bereits heute bestehende Gefahren, die durch moderne Technologien bedingt sind, in der Nanotechnologie fortschreiben. So wird etwa befürchtet, dass Nanoteilchen in die Nahrungskette gelangen könnten oder auf andere Art aufgenommen werden und sich innerhalb des Körpers in unkontrollierter Weise ablagern oder zu Konflikten mit unserem Immunsysteme führen. Erste wenige toxikologische Befunde zeigen in der Tat, dass tatsächlich größeninduzierte Mechanismen eine Rolle spielen könnten, die bei gröberen Teilchen nicht auftreten, was ja insofern auch nicht überraschend ist, als dass gerade die größeninduzierten Eigenschaften der Nanopartikel genutzt werden sollen.

Eine in jedem Fall reale Gefahr könnte auch darin bestehen, dass die Politik zu spät realisiert, welche Technologie auf uns zukommt. So gehen manche Experten davon aus, dass die politische Diskussion, was die Einschätzung der möglichen Folgen angeht, etwa fünf Jahre hinter der technologischen Entwicklung zurückhängt. Andererseits wird Nanotechnologie dazu führen, dass beispielsweise andere Rohstoffe als heute von grundlegender Bedeutung sein werden, was für die Entwicklungsländer die mehrheitlich auf ihre Rohstoffausfuhren angewiesen sind, dramatische Folgen haben könnte. Auch der unterschiedliche Umgang mit potenziellen Gefahren kann zu einer starken Verlagerung industrieller Strukturen führen. Wenn in einigen Ländern Nanopartikel wie gefährliche Viren gehandhabt werden und in anderen ein Mundschutz, ähnlich wie er in der U-Bahn von Tokio verbreitet ist, zum Schutz ausreicht, dann wird dies einen starken Einfluss auf die Ansiedlung entsprechender Industrien haben.

In jedem Fall sollte man aus den Erfahrungen mit der Kern- und Gentechnik lernen und die Ängste hinsichtlich der Nanotechnologie ernst nehmen, denn nichts wäre schädlicher als eine unreflektierte Ablehnung, nur weil unser Sozialverhalten mit der technologischen Entwicklung nicht Schritt hält.

Eine nahe liegende Gefahr besteht auch darin, dass Nanotechnologien zu Militärtechniken führen, die nicht absehbare Folgen haben. Forschungsmaßnahmen zur militärischen Anwendung der Nanotechnologie sind in den vergangenen Jahren ausgeweitet worden. Dabei wird konkret an hochgradig funktionaler militärischer Bekleidung geforscht. Weitere Einsatzgebiete der Nanotechnologie bestehen in der Verbesserung der Überwachung, der Miniaturisierung von Sprengkörpern, aber auch in medizinischen Maßnahmen zur Steigerung der Belastungsfähigkeit, zur Beschleunigung der Wundheilung und zur Steigerung der Reaktionsfähigkeit.

Fazit: Nanopartikel weisen größeninduzierte funktionale Eigenschaften auf. Damit ist gegenwärtig nicht vorhersagbar, wie sie sich in der Umwelt oder nach Inkorporation verhalten. Entsprechend gibt es einen Bedarf an ökologisch und toxikologisch ausgerichteten Studien. Nanotechnologie ist von zunehmender Bedeutung für die Militärtechnik. Ein nur zögerliches Erkennen der Bedeutung der Nanotechnologie birgt die Gefahr, ihre Vorteile nicht ausgewogen nutzen zu können, was insbesondere globale volkswirtschaftliche Verwerfungen zur Folge haben könnte.

9.3 Ethische Aspekte

Die Nanotechnologie kann als eine der wichtigsten – wenn nicht die wichtigste – Schlüssel- und Querschnittstechnologie des 21. Jahrhunderts angesehen werden. Erkenntnisgewinn in der Nanostrukturforschung und technologische Umsetzung in Verfahren und Produkte sind atemberaubend, ökonomisch viel versprechend und stellen uns gleichzeitig hinsichtlich sozioökonomischer Folgen vor große Herausforderungen. Neben der Weiterentwicklung der multidisziplinären naturwissenschaftlich-technischen Basis der Nanotechnologie muss daher eine kritische ethische Diskussion die weitere Entwicklung begleiten, um nicht nur wissenschaftlich und ökonomisch motivierte Entscheidungsspielräume zu haben, sondern auch um sozioökonomischen Verwerfungen, Risikopotenzialen und ethischen Konflikten rechtzeitig entgegenwirken zu können. Darüber hinaus besteht ein berechtigtes und faktisch auch bereits vorhandenes Informationsbedürfnis der Öffentlichkeit über die Entwicklungsperspektiven der Nanotechnologie, welches hauptsächlich aus ihrer besonderen Eignung für futuristische Spekulationsszenarien resultieren dürfte.

In der professionellen Ethik wurde bereits der Begriff *nanoethics* geprägt, aber bislang kaum mehr erzielt, als den Bedarf an Ethik in der Nanotechnologie anzumelden (Mnyusiwalla et al. 2003). Zu konstatieren ist bislang eher ein intuitives und unsystematisches Verständnis für die ethische Relevanz der Nanotechnologie anstelle einer systematischen Analytik. Gesellschaftliche Interessengruppen sehen wiederum ethisch relevante Aspekte bevorzugt im Feld der möglichen Risiken.

Aus Sicht der professionellen Ethik müssen generell aktuelle und absehbare Entwicklungen in der Nanotechnologie in ethischer Hinsicht analysiert werden:

- Wo liegen ethisch relevante Entwicklungen vor?
- Welche Fragen werden bereits durch laufende Diskussionen in der Technikethik oder Bioethik abgedeckt?
- Wo stellen sich gänzlich neue Fragen?
- Ist es möglich, die wesentlichen ethischen Herausforderungen in der Nanotechnologie zu „kartieren"?

Technikethik, Bioethik, Medizinethik, Anthropologie oder auch die theoretische Technikphilosophie befassen sich mit Fragen der Nachhaltigkeit, der Risikobewertung und der Schnittstelle zwischen Mensch und Technik bzw. dem Lebendigen und der Technik. Damit sind viele ethisch relevante Aspekte der Nanotechnologie nicht neu und nicht spezifisch mit dieser Querschnittstechnologie verbunden. Neu ist vielmehr das Zusammentreffen der verschiedensten Traditionslinien ethischer Reflexion und die Befassung mit ethischen Aspekten über die Grenzen der klassischen Ethiken hinweg (McDonald 2004). Die Ursache für diese multilateralen ethischen Aspekte liegt unmittelbar in der Heterogenität der Nanotechnologie selbst, welche naturwissenschaftliche, ingenieurwissenschaftliche, medizinische und pharmazeutische Grundlagen sowie auch multiple Anwendungsaspekte beinhaltet.

Technikfolgenabschätzung und Ethik stehen angesichts der rasanten und folgenreichen Entwicklungen der Nanotechnologie in der Pflicht, durch frühzeitige Untersuchungen und Reflektionen den gesellschaftlichen Lernprozess, der immer mit der Einbettung neuer Technologien verbunden ist, möglichst konstruktiv, transparent und effektiv zu gestalten. Die ethische Beurteilung gibt Orientierungen für die Gestaltung des Prozesses der Technikentwicklung – beispielsweise im Hinblick auf Gerechtigkeitsfragen. Im Verlauf der fortwährenden Konkretisierung der Anwendungsmöglichkeiten der Nanotechnologie wird es dann möglich werden, zunächst abstrakte Bewertungen und Orientierungen durch das neu verfügbare Wissen im Weiteren zu konkretisieren und schließlich eine ethisch reflektierte Technikbeurteilung durchzuführen.

Wie sehr häufig geschehen im Laufe der Entwicklung von Querschnittstechnologien, so scheint auch bereits jetzt in der Nanotechnologie eine „Aufholjagd" der Ethik geboten. Es ist in diesem Kontext bezeichnend, dass die bislang für die Erforschung gesellschaftlicher Implikationen der Nanotechnologie bereitgestellten Fördermittel nur zu einem geringen Teil in Anspruch genommen wurden. Ethische Begleitforschung in der Nanotechnologie könnte sich beispielsweise an der Begleitforschung zum Humangenom-Projekt orientieren (Mnyusiwalla et al. 2003). Aus Sicht von Experten kann nur ein Schließen der Lücke zwischen naturwissenschaftlicher Erkenntnis und Ethik verhindern, dass Moratorien zur Vorbeugung von negativen Technikfolgen das positive Entwicklungspotenzial in unangemessener Weise beschneiden.

Eine Bestandsaufnahme der bisherigen ethischen Diskussion von Fragen der Nanotechnologie (ethicsweb) ergibt Anhaltspunkte für eine „Kartierung" nanoethischer Problematiken. Diese Kartierung muss natürlich den systematischen Kriterien ethischer Relevanz von Wissenschaft und Technik genügen, was die folgenden Leitfragen aufwirft:

- Wo liegen ethische Aspekte vor und was an den bislang diskutierten Themen sind die eigentlichen ethischen Aspekte?
- Ist für die in ethischer Hinsicht thematisierten wissenschaftlich-technischen Entwicklungen der Nanotechnologie oder ihre Nutzung relevantes und hinreichend evidentes Wissen verfügbar?
- Welche der ethischen Aspekte der Nanotechnologie sind wirklich spezifisch für die Nanotechnologie?

Die Berücksichtigung bereits geführter Ethikdiskussionen wird es letztlich erlauben, zu beurteilen, wie weit die Forderung nach einer eigenständigen Nanoethik gerechtfertigt ist. In diesem Sinne sind die im Folgenden aufgeführten Themenfelder als Bereiche zu verstehen, in denen der nanotechnologisch bedingte Fortschritt zumindest eine Forcierung der ethischen Diskussion erforderlich macht.

Nanopartikel

Künstlich hergestellte Nanopartikel können durch Emission bei der Herstellung oder beim alltäglichen Gebrauch von Produkten in die Umwelt und in den menschlichen Körper gelangen. Sie können über weite Strecken transportiert und diffus verteilt werden. Ihr Ausbreitungsverhalten und ihre Auswirkungen auf Gesundheit und Umwelt, insbesondere potenzielle Langzeitfolgen, sind bislang kaum bekannt (Krug et al. 2004). Insbesondere Aspekte wie Mobilität, Reaktionsfreudigkeit, Persistenz, Lungengängigkeit und Wasserlöslichkeit sind zu berücksichtigen. Fragen nach der Öko- und Humantoxizität sind jedoch keine ethischen Fragen. Hier sind vielmehr empirische Wissenschaftsdisziplinen wie Toxikologie und Umweltchemie gefragt. In vielen Fällen gibt es zum Umgang mit Risiken auch existierende Gesetze, Richtlinien und Verordnungen, die eher der juristischen Substantiierung als einer ethischen Analyse bedürfen.

Ethisch relevante Fragen im Zusammenhang mit Nanopartikeln ergeben sich, wenn man betrachtet, was aus den möglichen Risiken für den zukünftigen Umgang mit Partikeln folgt. Hier treten Unsicherheiten und Konflikte auf, die vor allem im Zusammenhang mit dem Vorsorgeprinzip bestehen. Um jedoch das Vorsorgeprinzip überhaupt anwenden zu können, ist zunächst eine hinreichende Evidenzvermutung von Risiken erheblicher Größenordnung ohne gesichertes Wissen erforderlich. Als klassisches Beispiel für eine derartige Situation mag hier die Klimavorsorge anzusehen sein. Die grundsätzliche Frage im Zusammenhang mit den Nanopartikeln ist, ob eine potenziell neue Risikosituation vorliegt oder ob beispielsweise ein Problem direkt vergleichbar mit dem „Asbestproblem" besteht. Nur im Falle einer potenziellen neuen Risikosituation entstehen ethisch relevante Aufgaben.

Moratorien hinsichtlich der Verwendung von Nanopartikeln wurden bereits gefordert. Von ethischer Relevanz ist in diesem Zusammenhang die Frage, ob Abwägungen von Risiken und Chancen zur Entscheidungsfindung überhaupt beitragen können. Wenn ja, so ist zu klären, wie es mit der Akzeptabilität und Zumutbarkeit von Risiken steht.

Noch grundsätzlicher ist die Frage danach, wie evident die Risikovermutung überhaupt ist und wie das Schadenspotenzial eingeschätzt wird im Vergleich zu den Nebenfolgen eines Moratoriums, welches den Umgang mit Nanopartikeln gänzlich verbietet. Es geht also um Vergleiche zwischen Chancen und Risiken bzw. zwischen Risiken verschiedener Couleur. Lassen sich aus den Erfahrungen im Umgang mit neuen Chemikalien und Medikamenten Anhaltspunkte für die Bewertung der Nanopartikelrisiken gewinnen?

Zusammenfassend besteht im Zusammenhang mit Nanopartikeln der hauptsächliche Beitrag der Ethik in einer bewertenden Einschätzung der Nutzungspotenziale und Risiken auf der Basis des vorhandenen Wissens und des Nichtwissens. Dabei kommt der Vergleichbarkeit mit anderen Risikogruppen eine hohe Bedeutung zu, genauso wie einer engen Kooperation von empirischen Wissenschaften, Rechtswissenschaften und Ethik.

Verteilungsgerechtigkeit

Gerechtigkeitstheoretische Überlegungen legen die Frage nahe, inwieweit die Nutzungsmöglichkeiten der Nanotechnologie intragenerativ und intergenerativ zu verteilen sind. Dasselbe gilt natürlich für die Risiken, die sich aus der Nanotechnologie ergeben. Ethische Fragen der Verteilung, der Nutzungsmöglichkeiten sowie der räumlichen und zeitlichen Verteilung von Chancen und Risiken der Nanotechnologie ergeben sich aus dem Leitbild für eine nachhaltige Entwicklung (Krug et al. 2004 und Kopfmüller et al. 2001).

Das Wissen über Nachhaltigkeitspotenziale der Nanotechnologie kann im Sinne der Technikgestaltung konstruktiv genutzt werden, indem die weitere Entwicklung durch ethische Reflektionen auf Verteilungsfragen zwischen heutigem und zukünftigem Naturverbrauch begleitet wird. Ethische Fragen ergeben sich hier im Hinblick auf das Maß unserer Langzeitverantwortung.

Intragenerative Probleme entstehen demgegenüber daraus, dass technischer Fortschritt häufig tendenziell bereits vorhandene Ungleichverteilungen verstärkt. Die gesamte, auf Nanotechnologie basierende Forschung, Entwicklung und Produktion erfordert Fähigkeiten, die praktisch nur noch hoch entwickelte Staaten erbringen können. Es ist derzeit nicht erkennbar, dass die Technologielücke zwischen Reich und Arm durch die Nanotechnologie verringert werden kann.

Ein besonderes Beispiel für mögliche Ungleichverteilungen stellt die nanotechnologiebasierte Medizin dar. Bestehende Ungleichheiten im Zugang zu medizinischer Versorgung könnten durch die Verwendung einer hoch technisierten Medizin auf der Basis von Nanotechnologie weiter verstärkt werden, insbesondere, da es sich mit großer Wahrscheinlichkeit um eine teuere Medizin handeln wird. Hier könnte ein mögliches *Nano-divide* entstehen in Analogie zum *Digital-divide*. Probleme der Verteilungsgerechtigkeit gehören prinzipiell zu den wichtigen ethischen Aspekten moderner Technik und sind damit grundsätzlich nichts Nanospezifisches. Die beschleunigte Entwicklungsdynamik der Nanotechnologie macht die bislang auch schon erkannten Probleme nur dringlicher.

Privatsphäre

Ein häufig im Zusammenhang mit ethischen Aspekten der Nanotechnologie genannte Feld ist die Bedrohung der Privatsphäre durch neue Überwachungs- und Kontrolltechnologien. Nanotechnologie erhöht die Möglichkeit der unbemerkten Datenerhebung drastisch. Datenschutzregelungen und Kontrollmöglichkeiten werden erschwert, der Spionage im militärischen Bereich werden neue Möglichkeiten eröffnet. Langfristig gesehen könnte es möglich sein, einen direkten technischen Zugang zum Nervensystem bzw. zum Gehirn zu konstruieren, was ein Ersetzen der passiven Überwachung durch eine aktive, aber unbemerkte Kontrolle ermöglichen würde.

Besonders sensibel in Bezug auf die Privatsphäre ist der Gesundheitsbereich. *Lab-on-a-chip*-Technologien könnten hier umfassende persönliche Diagnosen und Prognosen auf der Basis von Gesundheitsdaten erstellen. Dies würde Massen*screenings* und die Ermittlung der persönlichen genetischen Disposition technisch ermöglichen und einen Missbrauch von Arbeitgebern oder Versicherungen denkbar machen. Ohne ausreichenden Schutz der Privatsphäre wären Menschen manipulierbar und ihre Autonomie und Handlungsfreiheit infrage gestellt. Es muss zudem geklärt werden, wie mit Ergebnissen umzugehen ist, welche die betroffenen Patienten möglicherweise über längere Zeiträume bis zum Eintreten oder Nichteintreten einer schweren Erkrankung belasten. Der Umgang mit Diagnoseunsicherheiten stellt in diesem Zusammenhang ein wichtiges ethisches Thema dar. Ethisch relevante Fragen tangieren das Recht auf Wissen und Nichtwissen, was seit langem einen zentralen Punkt der bio- und medizinethischen Diskussion darstellt. Auch Fragen nach den Persönlichkeitsrechten an bestimmten Daten, dem Recht auf Privatheit sowie der Diskussion zum Datenschutz und zu möglichen unerwünschten sozialen Eigendynamiken sind nicht neu, sondern müssen vielmehr forciert vor dem Hintergrund der Entwicklungsdynamik der Nanotechnologie diskutiert werden.

Medizinische Einsatzbereiche

Es gibt keinen Bereich in den Wissenschaften, in dem der Umgang mit Risiken so selbstverständlich etabliert und so gut erprobt wie in der Medizin und Pharmazeutik ist. In Form von *Lab-on-a-chip*-Technologien wird die Nanotechnologie die Tendenz hin zu einer individualisierten Medizin stark unterstützen. Wenngleich medizinische Anwendungen der Nanotechnologie keine grundlegend neuen ethischen Fragen aufwerfen (Farkas und Monfeld

2004), so wird doch klassischen Fragen der Medizinethik durch die rasante Entwicklung der Nanotechnologie neuer Auftrieb gegeben.

Nanotechnologische Verfahren könnten zu einer erheblichen Verlängerung der menschlichen Lebenszeit beitragen. Die weitgehende oder vielleicht sogar völlige Abschaffung des Alterns hat bereits zu Gedanken aus ethischer Sicht Anlass gegeben: Beispielsweise stellt sich die Frage, was in Anbetracht der utopischen Möglichkeiten noch unter Lebensqualität zu verstehen ist. Auch futuristische Szenarien, die darin bestehen, dass es möglich sein könnte, im Fall von Unfällen oder Erkrankungen den Organismus in einen Zustand der *Biostasis* zu versetzen, in dem die momentane Situation bis auf molekulares Niveau herab konserviert wird, werfen die Frage nach ethischen Grenzen auf.

Im Bereich medizinischer Anwendungen ist die sicherlich vorherrschende ethische Problematik die Definition sinnvoller Grenzen der prospektiven ethischen Reflektion, die einerseits sicherstellen, dass ethische Grundsätze nicht zu spät erarbeitet werden und andererseits immer noch genügend praktische Relevanz besitzen.

Überschreitung der Grenze zwischen Technik und Lebendigem

Durch Fortschritte in der Nanobiotechnologie werden biologische Prozesse nanotechnisch kontrollierbar. Eine Vernetzung natürlicher biologischer Prozesse mit technischen Prozessen wird zunehmend machbar. Die klassische Grenze zwischen dem Technischen und dem Lebendigen wird damit verwischt bzw. überschritten. Dies eröffnet die Möglichkeit der Schaffung neuer Schnittstellen zwischen lebendigen und technischen Systemen sowie auch ein *Engineering* biologischer Bausteine. In diesem Feld der Nanotechnologie sind in jedem Fall neuartige ethische Aspekte zu erwarten, wobei es hier insbesondere gilt, aus Entwicklungen und Fehlentwicklungen der Vergangenheit zu lernen.

Ein wichtiges Teilgebiet der Nanobiotechnologie stellt die Entwicklung nanelektronischer Neuroimplantate dar. Durch Fortschritte bei der Neuroinformatik könnten die Implantate den Dimensionen der natürlichen Systeme und deren Leistungsfähigkeit angenähert werden. Die ethische Reflexion hat hierbei hauptsächlich die Aufgabe, einen möglichen Missbrauch zu identifizieren und zu verhindern. Der technische Zugang zum Nervensystem ist wegen möglicher Manipulations- und Kontrollmöglichkeiten von Menschen besonders sensibel.

Eine Verlängerung der Entwicklungslinien ins Spekulative kann im Rahmen der Denkbarkeit in Form der *Cyborg*-Diskussion zu technisch erweiterten Menschen oder menschlich erweiterter Technik problematisiert werden. Dies ist mit Fragen hoher ethischer Relevanz nach dem Selbstverständnis des Menschen verbunden. Im futuristischen Diskurs wird vor allem die informationstechnische Speicherung des menschlichen Bewusstseins vorausgesetzt. In letzter Konsequenz stellt sich hier die Frage, inwieweit technische bzw. teils technisch, teils biologisch konstruierte Mensch/Maschine-Mischwesen den Status einer Person beanspruchen können. Es wird sich eine ganze Reihe anthropologischer und ethischer Fragen anschließen. Das Spezifische an der Nanotechnologie ist dabei, dass sie in besonderer Weise *converging technologies* beinhaltet und entstehende Synergien nutzt (Rocco und Bainbridge 2002).

Technische Verbesserungen des Menschen

Der Wunsch, den Menschen zu verbessern, ist bekanntlich so alt wie die Menschheit selbst. Die Möglichkeit allerdings, diese Verbesserung mit als realisierbar angenommenen technischen Mitteln zu erreichen, ist neu. Nanotechnologie in Kombination mit Biotechnologie und Medizin bietet Perspektiven, den menschlichen Körper tief greifend um- und neu zugestalten. Gewebe- und Organersatz sowie die Wiederherstellung und Erweiterung der Sinnesfunktionen mittels Neuroimplantaten werden diskutiert. Während sich bisherige therapeutische Maßnahmen in einem traditionellen Rahmen bewegen, der das Ziel zum „Heilen" durch Reparatur von Abweichungen von einem idealen Gesundheitszustand zum Gegenstand hat, so eröffnet die Nanotechnologie möglicherweise Chancen zu einer Umgestaltung und „Verbesserung" des menschlichen Körpers. Dies kann sich beispielsweise auf die Erweiterung physischer oder psychischer Fähigkeiten des Menschen beziehen. Es könnte jedoch auch eine direkte Ankopplung von maschinellen EDV-Systemen an das menschliche Gehirn in Betracht gezogen werden. Vorteile gegenüber biologischen Organismen würden aus der erhöhten Stabilität gegenüber äußeren Einflüssen resultieren.

Nanotechnologie bietet in einem höheren Maße als die moderne Bio- oder Gentechnologie die Perspektive, den menschlichen Körper zu „denaturieren". Die Grenze zwischen heilenden und verbessernden Eingriffen ist fließend, da bis heute insbesondere die Begriffe „Gesundheit" und „Krankheit" nicht geklärt sind (Habermas 2001).

Definiert man den Begriff „Gesundheit" gemäß der Weltgesundheitsorganisation (WHO) so, dass Gesundheit ein Zustand vollkommenen körperlichen, psychischen und sozialen Wohlbefindens ist, und nicht die Abwesenheit von Krankheit oder Behinderung, dann ließe sich auch das Altern als Krankheit deuten. Es würde damit genauso bekämpft wie eine Grippe. Damit wäre aber ein bevorzugtes Ziel der nanotechnologisch orientierten Medizin die weit gehende Abschaffung des Todes.

Die praktische Relevanz der mit den geschilderten Szenarien verbundenen ethischen Fragen mag zunächst als gering eingestuft werden. Dieser ersten Einschätzung steht jedoch entgegen, dass durchaus Forschungsprojekte in Richtung einer Verbesserung des Menschen ausgelegt und Meilensteine zur Erreichung des Zieles definiert werden (Rocco und Bainbridge 2002). Damit erscheint eine „Ethik auf Vorrat" auch in diesem Bereich angezeigt.

Fazit: Die Nanotechnologie ist sicher und verantwortungsbewusst zu entwickeln. Es gilt, ethische Grundsätze einzuhalten und potenzielle Gesundheits-, Sicherheits- und Umweltrisiken wissenschaftlich zu untersuchen, auch um eine etwaige Regulierung vorzubereiten. Gesellschaftliche Auswirkungen sind zu prüfen und zu berücksichtigen. Dem Dialog mit der Öffentlichkeit kommt maßgebliche Bedeutung zu, da die Aufmerksamkeit auf Fragen von echtem Belang und nicht auf *Science-fiction*-Szenarien zu lenken ist (EU-Kommission 2004).

Literaturliste

Alberts B. et al. (2004) *Molekularbiologie der Zelle*. Wiley-VCH, Weinheim.

Amelinckx S. et al. (Hrsg.) (1997) *Handbook of Microscopy*. VCH, Weinheim.

Bartlott W., Universität Bonn, Botanik,
www.botanik-uni-bonn.de/system/bionik_flash.html

Beckman M., Lenz Ph. (2002) *Profitieren von Nanotechnologie*, FinanzBuch Verlag, München.

Carr D., Craighead H., Cornell University, www.news.cornell.edu/science.

Chen C.J. (1993) *Introduction to Scanning Tunneling Microscopy*. Oxford University Press, New York.

Crichton M. (2004) *Die Beute*. Goldmann, München.

Dresselhaus M.S. et al. (1995) *Science of Fullerenes*. Academic Press, New York.

Drexler E. (1990) *Engines of Creation*. Anchor Books, New York.

Drexler E. (1992) *Nanosystems*. Wiley Interscience, New York.

Drexler E., www.e-drexler.com

Ethicsweb, www.ethicsweb.ca/nanotechnology

Farkas R., Monfeld C. (2004) Ergebnisse der Technologievorschau Nanotechnologie pro Gesundheit 2003. *Technikfolgeabschätzung* – Theorie und Praxis 13, 42–51.

Fatikow S. (2000) *Mikroroboter und Mikromontage*. Teubner, Stuttgart.

Feynman R. (1959) *There's plenty of room at the bottom*.
www.zyvex.com/nanotech/feynman.html;
deutsch: www.greet-the-future.de/sites/feynman.html

Fleischer T. (2003) *Technikgestaltung für mehr Nachhaltigkeit*: Nanotechnologie. In: Coenen R., Grunwald A. (Hrsg.) Nachhaltigkeitsprobleme in Deutschland, Analyse und Lösungsstrategien. Edition Sigma, Berlin.

Forschungszentrum Jülich (1996), *Streumethoden zur Untersuchung kondensierter Materie*. Vorlesungsmanuskript 27. Ferienkurs.

Goodsell D.S. (2004) *Bionanotechnology*. Wiley-Liss, Hoboken.

Güntherodt H.-J., Wiesendanger R. (Hrsg.) (1992-94) *Scanning Tunneling Microscopy I-III*. Springer, Berlin.

Habermas J. (2001) *Die Zukunft der menschlichen Natur*. Suhrkamp, Frankfurt.

Hartmann U. (2003) *Nanobiotechnologie – eine Basistechnologie des 21. Jahrhunderts.*
www.nanobionet.com.

Herget W. et al. (2004) *Computational Materials Science.* Springer, Berlin.

Hu J. et al. (2002) Artificial DNA nanopatterns by mechanical nanomanipulation. *Nanolett.* 2, 55-57.

Ikazuki S., Mors J. (2003) *Lithography.* In: Waser R. (Hrsg) Nanoelectronics and Information Technology. Wiley-VCH, Weinheim.

Institue for Molecular Manufactoring, Los Altos, www.imm.org.

Jopp U. (2003) *Nanotechnologie – Aufbruch ins Reich der Zwerge.* Gabler, Wiesbaden.

Joy B. (2000) *Why the future doesn't need us.* Wired 8.04.
www.wired.com/wired archive/8.04/joy/html.

Kohl C.D. (2003) *Electronic Noses.* In: Waser R. (Hrsg.) Nanoelectronics and Information Technology. Wiley-VCH, Weinheim.

Kolb, D.M., Universität Ulm, Abteilung Elektrochemie;
www.uni-ulm.de/echem.

König W., (Hrsg.) (1992) *Propyläen Technikgeschichte.* Propyläen Verlag, Berlin.

Kopfmüller J. et al. (2001) *Nachhaltige Entwicklung integrativ betrachtet.* Sigma, Berlin.

Krug H. et al. (2004) Toxikologische Aspekte der Nanotechnologie. Versuch einer Abwägung. *Technikfolgenabschätzung – Theorie und Praxis* 13, 58–64.

Kumar S.C.S.R. et al. (2005) *Nanofabrication towards biomedical applications.* Wiley VCH, Weinheim.

Kurzweil R. (2002) *Homo sapiens.* Kiepenheuer & Witsch, Köln.

Luther W.(2003) Marktpotentiale in der Nanotechnologie. *Venture Capital Magazin.*

Lutz C.P, Eigler D., IBM Almaden Research Center, www.almaden.ibm.com

McDonald C. (2004) Nanotech is novel; the ethical issues are not. The Scientist, 18, 3

Memmert U. (1999) *Rastersondenmikroskopie in der Charakterisierung, Optimierung und Realisierung technischer Prozesse der Informationstechnologie auf atomarer und mesoskopischer Skala.* Habilitationsschrift, Universität des Saarlandes.

Mnyusiwalla A. et al. (2003) Mind the gap. Science and ethics in Nanotechnology. *Nanotechnology* 14, R9–R13.

Nachtigall W., Bluchel K. (2002) *Das große Buch der Bionik.* DVA, München.

Nimeyer C.M., Mirkin C.A. (Hrsg.) (2004) *Nanobiotechnology*. Wiley VCH, Weinheim.

Pan S.H. et al. (1999) He refrigerator based very low temperature scanning tunneling microscope. *Rev. Sci. Instrum.* 70, 1459 – 1463.

Rieke V., Buchmann G. (2004) *Nanotechnologie erobert Märkte*. BMBF, Bonn/Berlin.

Rocco M.C., Bainbridge W.S. (Hrsg.) (2002) *Converging technologies for improving human performance*. National Science Foundation, Arlington, Virginia.

Sze S.M. (2002) *Microelectronics Technology: Challenges in the 21st Century*. In: Lurji S. et al. (Hrsg.) Future Trends in Microelectronics. Wiley, Hoboken.

VDI-TZ (2004) *Technologiefrüherkennung: Nanobiotechnologie I und II*. VDI, Düsseldorf.

Vettinger P. et al. (2003) *AFM-Based Mass Storage – The Millipede Cconcept*. In: Waser R. (Hrsg.) Nanoelectronics and Information Technology. Wiley-VCH, Weinheim.

Watson J.D., Crick F.H.C. (1953) *Molucular Structure of Nucleic Acids*. Nature 171, 737 – 738.

Wiesendanger (Hrsg.) (1998) *Scanning Probe Microscopy*. Springer, Berlin.

Wiesendanger R. (1994) *Scanning Probe Microscopy and Spectroscopy*. Cambridge University Press, Cambridge.

Weiterführende Fachliteratur

Fahrner W. (2003) *Nanotechnologie und Nanoprozesse*. Springer, Berlin.

Köhler M. (2001) *Nanotechnologie*. Wiley-VCM, Weinheim.

Paschen H., Coenen Ch. (2004) *Nanotechnologie*. Springer, Berlin

Rubahn H.-G. (2002) *Nanophysik und Nanotechnologie*. Teubner, Stuttgart.

Weiterführende populärwissenschaftliche Literatur

Boening N. (2004) *Nano?!*. Rowohlt, Berlin.

Broderick D. (2004) *Die molekulare Manufaktur*. Rowohlt, Reinbek.

Calvert, C. (2001) *Geheimtechnologien*. Bohmeier, Lübeck.

Groß M. (1995) *Expedition in den Nanokosmos*. Birkhäuser, Basel.

Ilfrich Th. (2003) *Nano + Mikrotech*. Ivcon. net Corp., Berlin

Ilfrick Th. (2005) *Nano A-Z Glossar der Nanotechnologie*. BoD GmbH, Norderstedt.

Jopp K. (2003) *Nanotechnologie – Aufbruch ins Reich der Zwerge*. Gabler, Wiesbaden.

Schirrmacher F. (Hrsg.) (2001) *Die Darwin AG*. Kiepenheuer & Witsch, Köln.

Weiterführende Literatur zu ökonomischen Perspektiven

Beckmann M., Lenz Ph. (2001) *Nanostocks*. Lanceback, Frankfurt.

Beckmann M., Lenz Ph. (2002) *Profitieren von Nanotechnologie*. Finanz-Buch Verlag, München.

Dent H.S. (2005) *Der Jahrhundert Boom*. Börsenmedien, Kulmbach.

Georgescu V., Vollborn M. (2002) *Nanobiotechnologie als Wirtschaftskraft*. Campus, Frankfurt.

Herrmannsdorfer E., Doran U. (2005) *Nanotechnologie*. FinanzBuch Verlag, München.

Reinhold M. et al. (2001) *Nanomarketing – Marketing für Nanotechnologien*. Universität St. Gallen.

Uldrich J., Newberry D. (2005) *Wie die Nanotechnologie Wirtschaft und Börse revolutioniert*. Börsenmedien, Kulmbach.

Venture Capital (2002) *Sonderausgabe Nanotechnologie*. Going Public Media, München.

Weiterführende Internetseiten

Deutsche Portale und Netzwerke

www.bmbf.de/de/nanotechnologie.php (BMBF-Nanochnologie-Portal)

www.vdi.de/organisation/schnellauswahl/techno/arbeitsgebiete/fue/physik/08561 (Nationale Kontaktstelle Nanotechnologie)

www.kompetenznetze.de/nav/de/innovationsfelder/nanotechnologie.html (BMBF/VDI-Portal)

www.nanonet.de (BMBF/VDI-Portal Nanotechnologie)

www.nanobiotech.de (Kompetenzzentrum Nanobiotechnologie)

www.cc-nanochem.de (Kompetenzzentrum chemische Nanotechnologie)

www.nanotechnology.de (Kompetenzzentrum ultradünne funktionale Schichten)

www.nanomat.de (Kompetenzzentrum Materialien der Nanotechnologie)

www.nanop.de (Kompetenzzentrum Nanostrukturen der Optoelektronik)

www.nanoanalytik.de (Kompetenzzentrum Nanoanalytik)

www.nanotechnologie-ev.de (Deutscher Verein für Nanotechnologie)

Regionale Portale und Netzwerke in Deutschland

www.cens.de (Zentrum für Nanowissenschaften München)
www.centech.de (Zentrum für Nanotechnologie Münster)
www.cfn.uni-karlsruhe.de (Zentrum für funktionale Nanostrukturen Karlsruhe)
www.cinsat.de (Zentrum für interdisziplinäre Nanostrukturforschung und Technologie Kassel)
www.cni-juelich.de (Zentrum für nanoelektronische Systeme und Informationstechnologie Jülich)
www.enab.de (Exzellenznetzwerk Nanobiotechnologie München/Bayern)
www.nanoclub.rwth-aachen.de (Kompetenznetz Nanotechnologie Aachen)
www.hansenanotec.de (Kompetenznetz Nanotechnologie Hamburg)
www.nanobionet.de (Nanobiotechnologie-Kompetenznetzwerk Saarland/ Rheinland-Pfalz)

Wirtschaftsnahe Informationen

www.nanoinvests.de (deutsch)
nano.ivcon.net (deutsch)
www.nanotech-now.com
www.nanoindustries.com
www.azonano.com
logistics.about.com/nanotechnology

Bildung und Schule

www.manometer-nanometer.de (Deutsches Museum)
www.nanoreisen.de (VDI-TZ)
www.wissensschule.de (Allgemeines Portal für Schule, Ausbildung, Studium und Wissen)
www.nanoforschools.ch (Schweizer Nanotechnologie-Portal für Schulen)
mrsec.wisc.edu/edetc (Interdisziplinäre Bildungsgruppe der Universität Wisconsin)

Datenbanken

www.nanoingermany.com (Branchenverzeichnis Deutschland)
www.nanoword.net (Enzyklopädie)
www.nobelprize.org (Verzeichnis aller Nobelpreisträger)
www.wtec.org/loyola/nano/links.htm (Weltweite Studien)

www.fda.gov/nanotechnology (Grenzwerte, Nahrungsmittel, Pharmazeutika etc.)

Zeitschriften

www.iop.org./ej/s/unreg/journal/0957-4484 (Nanotechnologie)
aspbs.com (Journal of Nanoscience and Technology)
pubs.acs.org/journals/nahfd/index.html (Nanoletters)
www.vjnano.org/nano (Virtual Journal of Nanoscience and Technology)
www.nanojournal.org (Nanojournal)
www.openmindjournals.com/nano.html (Applied Nanoscience)
www.phantomsnet.com/phantom/net/nanonews.html (Phantoms)
www.smalltimes.com (Small Times)
www.forbesinc.com/newsletters/nanotech (Forbes/Wolfe Nanotech Report)
www.technologyreview.com (MIT Technology Review)
www.nanoindustries.com/newsletter.html (Nanotechnology Industries
   Newsletter)
www.nanozine.com (Nanotechnology Magazine)

Europäische Portale

www.cordis.eu/nanotechnology (Europäische Union)
www.nanotechnologie.pagina.nl (Niederlande)
www.swissnanotech.de (Schweiz)
www.nanotechweb.org (England)

Internationale Portale

www.nano.gov (USA)
www.nanoworld.jp (Japan)
www.apnf.org (asiatisch-pazifisch)

Wissenschaftsnahe Seiten

www.forsight.org.
www.zyvex.com/nano
www.nanomedicine.com
www.nanocomputer.org
www.iase.cc

Seiten mit unterschiedlichem Bezug und Portale

www.nanoforum.org
www.nanoapex.com
www.crnano.org
www.pacificnanotech.com
nano.asme.org
www.ianano.org
www.nnin.org
www.nanotechnology.net
www.nanotechnology.com
www.fourmilab.ch
www.workinginnanotechnology.com

Bild-Galerien

www.nanopictureoftheday.org
www.ipt.arc.nasa.gov/gallery.html

Anhänge

A. Firmen im deutschsprachigen Raum

Es gibt im deutschsprachigen Raum eine Vielzahl in den letzten Jahren im Umfeld von Universitäten und Forschungszentren entstandener *Startup*-Firmen, die Entwicklungen im Bereich der Nanotechnologie leisten und teilweise bereits erfolgreich Nanoprodukte vertreiben. Dabei ist es nicht ganz einfach, zu entscheiden, in welchen Fällen im engeren Sinne tatsächlich nanotechnologische Innovationen vorliegen, da sich die Vorsilbe „nano" offensichtlich als allgemein werbewirksam erweist. Dies führt zwangsläufig zu einer gewissen Sinnentleerung entsprechender Schlüsselbegriffe. Dennoch gibt es zahlreiche Unternehmen – neben den *Startups* auch große, international agierende Konzerne –, die Produkte produzieren, die im Wesentlichen auf der Verfügbarkeit von Nanotechnologien basieren. Daneben gibt es in sehr vielen Branchen Zulieferbedarf an nanotechnologischen Produkten, sowie auch spezielle Vertriebsfirmen zur Bereitstellung nanotechnologischer Produkte für Endkunden.

Grundsätzlich ist davon auszugehen, dass wirkliche nanotechnologische Innovationen, abgesehen von den öffentlichen und privaten Forschungsinstitutionen, nur von vergleichsweise wenigen Unternehmen generiert werden. Dies ist in vielen Bereichen evident, weil der Investitionsaufwand zur Entwicklung und Herstellung nanotechnologischer Produkte enorm sein kann. Ein Beispiel ist hier sicherlich die Elektronikbranche. Andererseits erfordern nanotechnologische Innovationen, auch wenn nicht umfangreiche Investitionen erforderlich sind, häufig ein hohes Maß an Fachkenntnis, das in vielen kleinen und mittleren Unternehmen nicht automatisch zur Verfügung steht. Ein Beispiel ist hier die chemische und Werkstoffindustrie, wo die Herstellung von nanoskaligen Stoffen und nanostrukturierten Materialien nicht unbedingt aus investiver Sicht außerordentlich anspruchsvoll ist, sondern viel eher aus wissenschaftlich-technologischen Gründen. Ähnliches gilt für viele Bereiche der Nanobiotechnologie, und hier insbesondere für die *Nano-to-bio*-Ansätze (vgl. Kapitel 5).

Derzeit ist wohl im Hinblick auf ein besonders dynamisches Wachstumsfeld der Bereich chemische Nanotechnologien und Werkstoffe zuallererst von Bedeutung (vgl. Kapitel 7). Hier besteht für Nanopartikel, nanofunktionale Oberflächen und nanostrukturierte Materialien sowie insbesondere auch für Polymere ein wirklich beträchtlicher Markt. Dementsprechend gibt es eine Reihe von Unternehmen jeder Größe, die man als Schrittmacher für Innovationen bezeichnen kann. So lautet eine Einschätzung der BASF (corporate.basf.com/de/innovationen/felder):"Selten hat eine neue Technologie innerhalb weniger Jahre soviel Interesse geweckt. Kaum ein Medium, das nicht über die neuesten Forschungsergebnisse berichtet, und auch die Wirtschafts- und Finanzwelt setzt große Hoffnungen in ihre Innovationskraft. Die Rede ist von der Nanotechnologie. Sie gilt als eine der Schlüsseltechnologien des 21. Jahrhunderts. Auch bei der BASF spielen die winzigen Teilchen eine große Rolle."

Degussa/Creavis (www.creavis.com) setzt Hoffnungen in das "Science-to-business-Center Nanotronics". Dieses Zentrum bildet den Sammelpunkt gemeinsamer System- und Entwicklungsintegration von Degussa und Forschungspartnern. Basierend auf nanopartikulären Materialien konzentriert man sich hier auf die zukünftigen Elektronikmärkte. Auch in anderen Branchen, wie beispielsweise der Textilindustrie spielen nanotechnologische Beschichtungen oder nanostrukturierte Materialien mittlerweile eine explizite Rolle (www.gesamttextil.de). Die Reihe derjenigen Großunternehmen, die die Nanotechnologie explizit im Rahmen ihrer Produktpalette erwähnen, ließe sich fast beliebig fortsetzen und auf die unterschiedlichsten Branchen erstrecken (vgl. exemplarisch beispielsweise www.henkel.de/int_henkel/ technologies_de/index.cfm sowie www.schott.com/advanced_materials/ german).

Der Bereich chemische Industrie und Werkstoffe ist aber auch ein hervorragendes Beispiel dafür, dass bahnbrechende Innovationen durch kleine und kleinste Unternehmen generiert werden. Häufig entstehen entsprechende *Startup*-Unternehmen im Umfeld renommierter Forschungseinrichtungen, die pionierhaft im Bereich der Nanotechnologie tätig sind. Ein derartiges Institut ist sicherlich das Institut für Neue Materialien in Saarbrücken (www.inm-gmbh.de). Im Umfeld dieses Instituts entstanden in den vergangenen Jahren zahlreiche Unternehmen, die sich erfolgreich mit der Entwicklung und Vermarktung funktionaler Oberflächenbeschichtungen beschäftigen. Zu erwähnen sind in diesem Zusammenhang sicherlich exemplarisch Nanogate (www.nanogate.de), NanoX (www.nano-x.de), ItN Nanovation (itn-nanovation.com) oder auch Sarastro (www.sarastro-nanotec.com). Das zuletzt genannte Unternehmen hat als speziellen Nischenbereich die Anwendung von Nanomaterialien im Bereich von Medizintechnik, Kosmetik und Lebensmitteln identifiziert. Als sehr innovativ im Hinblick auf die Entwicklung von Nanomaterialien kann auch SusTech (www.sustech.de) bezeichnet werden, ein Beispiel für ein modellhaftes *Jointventure* aus Großindustrie und universitären Forschern.

Ein weiterer hochinnovativer Bereich, der bereits heute wirtschaftlich relevant ist, ist die Herstellung von Nanopartikeln zur Anwendung in der medizinischen Diagnostik und Therapeutik sowie allgemein die Nutzung nanotechnologischer Ansätze für Medizin und Therapeutik. Beispielsweise ist hier das kleine Unternehmen magforce nanotechnologies (www.magforce.de) zu nennen, welches bahnbrechende Arbeiten zur Hyperthermie-Therapie mittels magnetischer Nanopartikel leistet. Ein anderes kleines Unternehmen, das als hochgradig innovativ im Bereich der Nanobiotechnologie anzusehen ist, ist across barriers (www.across-barriers.de). Das Unternehmen konzentriert sich auf Technologien und Dienstleistungen für die pharmazeutische, kosmetische und chemische Forschung und Entwicklung. Grundlage sind *in vitro*-Modelle von Zell- und Gewebesystemen, die den Transport von Substanzen und Formulierungen über biologische Barrieren simulieren und so frühzeitig Rückschlüsse auf die Permeabilität erlauben. Beispielhaft sind hier Entwicklungen, die es unter Zuhilfenahme nanotechnologischer Methoden erlauben, *In-vivo*-Untersuchungen durch *In-vitro*-Verfahren zu ersetzen. Ein im Bereich der Nanobiotechnologie außerordentlich innovatives Großunternehmen ist Bayersdorf (www.bayersdorf.de). Konsequente Grundlagenforschung hat hier dazu beigetragen, dass Nanotechnologie eine breite Anwendung auch im Bereich der Kosmetikindustrie findet.

Ein weiterer großer Bereich, in dem die Nanotechnologie mittel- bis langfristig zu enormen technischen Innovationen führen wird, ist der Bereich der elektronischen Bauelemente (vgl. Kapitel 7). Der Markt für elektronische Bauelemente beträgt allein in Deutschland gegenwärtig rund 20 Milliarden Euro; über 70 000 Beschäftige sind unmittelbar in der Bauelementeindustrie tätig. Die aus diesen Bauelementen gefertigten Systeme haben einen Marktwert von etwa 100 Milliarden Euro. Weltweit hat die moderne Elektronikindustrie einen Umsatz von 800 Milliarden Euro. Sie hat damit sogar die Automobilindustrie überholt. Deutschland – und hier speziell Dresden – ist Europas bedeutendster Standort für Mikro- und Nanoelektronik.

Schwerpunkte der Entwicklung im Bereich elektronischer Bauelemente sind

- hochkomplexe Schaltkreisstrukturen und Systeme für neue Anwendungsgebiete in der Silizium-Nanoelektronik,
- Komponenten und Systeminnovationen der Silizium-Leistungselektronik,
- Basis- und Schaltungsstrukturen für neue Speichergenerationen bis in den 64-Gigabit-Bereich,

- Silizium-Höchstfrequenzschaltkreise mit Arbeitsfrequenzen über 100 GHz,
- innovative Basis- und Schaltungsstrukturen für Logikschaltkreise höchster Integrationsdichte und niedrigster Verlustleistung,
- Realisierung höchst integrierter, nichtflüchtiger Speicher- und Logikbauelemente,
- neuartige Konfigurationen für das Zusammenwachsen von Sensor-Subsystemen.

Aufgrund der außerordentlich hohen Investitionskosten im Halbleiterbereich sind weltweit nur wenige global agierende Unternehmen in der Lage, als Schrittmacher der Innovation zu fungieren und einen Übergang von der Mikro- in die Nanoelektronik vorzubereiten. Zu diesen Unternehmen zu zählen sind Advanced Micro Devices Inc. (AMD, www.amd.com/de-de) und Infineon (www.infineon.com). Die Forschungsberichte dieser Unternehmen zeigen sehr deutlich, welch hohen Stellenwert Nanotechnologie im Hinblick auf Produktentwicklung bereits heute hat. Aber nicht nur im Bereich der Prozessoren und Speicher als umsatzstarke typische Halbleiterprodukte, sondern auch im Bereich der Entwicklung neuartiger Sensoren ist Nanotechnologie bereits heute von großer Bedeutung. Exemplarisch zu nennen im Sinne großtechnischer Anwendungen sind hier Magnetowiderstandssensoren (vgl. Kapitel 7), die neben einer Verwendung als Leseeinheiten in Festplattenköpfen auch von großer Bedeutung für allgemeine Mess- und Positionieraufgaben sind. Unter den großen Unternehmen sind hier Siemens (www.siemens.de), Bosch (www.bosch.de) und Philips (www.philips.de) zu nennen, wo konsequent Ergebnisse der Nanostrukturforschung zur Weiterentwicklung von Magnetowiderstandssensoren eingesetzt wurden mit dem Ergebnis, dass heute Sensoren mit beeindruckender Leistungsfähigkeit und zu niedrigen Kosten verfügbar sind, so dass völlig neue Anwendungsgebiete erschlossen werden können (www.ismael-project.net). Gerade der Bereich der Sensorentwicklung und hier insbesondere derjenige der Magnetfeldsensoren ist ein Beispiel dafür, dass mit innovativen Methoden auch kleine und mittlere Unternehmen Erfolge verzeichnen können. Zu nennen wären hier etwa HL Planar (cms.hlplanar.de) oder Sensitec (www.sensitec.com). Auch im Bereich von Biosensoren und sonstigen Sensoren sowie Biochiptechnologien stellt sich die Situation ähnlich dar: Global agierende Unternehmen sind engagiert. Aber auch kleinere Unternehmen können zum Schrittmacher der Innovation werden.

Auch im Automobilsektor eröffnet die Nanotechnologie neue Möglichkeiten (vgl. Kapitel 7). Im Mittelpunkt steht dabei der direkte Nutzen durch geringeren Kraftstoffverbrauch, höhere Fahrsicherheit und die Langlebigkeit der Produkte. Das Auto der Zukunft wird intelligent auf Umweltreize und Fahrverhalten reagieren, Scheiben und Spiegel werden sich den äußeren Lichtverhältnissen anpassen, die Reifen auf unterschiedlichsten Straßenbelägen besser haften, und zahlreiche Sensoren werden vorausschauend den Fahrzustand bei Veränderung der Wetterlage oder bei Kollisionsgefahr regeln. Genauso wichtig sind aber auch ästhetisch-funktionale Aspekte. Durch das elektronisch schaltbare Äußere, wie etwa die Farbe des Lackes und durch Umbaumöglichkeiten bei Leichtbaukonzepten erhält das Fahrzeug eine individuelle Gestaltungsmöglichkeit. Nanotechnologische Erkenntnisse werden unter anderem in die Optimierung des Verbrennungsprozesses, die Abgasreinigung, die Gewichtsverminderung der Karosserie, die Entwicklung selbst ausheilender Lacke, die Abriebsfestigkeit und Haftung der Reifen oder in die funktionale Autoverglasung einfließen. Schon heute trägt die Elektronik überproportional zur Wertschöpfung im Automobilbau bei. Zukünftig wird die Bedeutung der Automobilelektronik weiter ansteigen und durch die Rolle der Automobilindustrie als Technologietreiber nanoelektronische Innovationen zur Anwendungsreife bringen. Nanotechnologische Komponenten und Verfahren fließen damit einerseits über Zulieferer ein, werden aber andererseits auch maßgeblich durch die Automobilhersteller selbst entwickelt. Bei allen Herstellern spielt im Rahmen der „automobilen Visionen" die Nanotechnologie eine maßgebliche Rolle (vgl. beispielsweise Forschungsberichte der großen Automobilhersteller).

Auch in der optischen Industrie, in der Feinwerk- und Messtechnik, in der Baubranche, im Lebensmittel- und Agrarbereich findet die Nanotechnologie erste Anwendungen, wie die entsprechenden Branchenverzeichnisse verdeutlichen. Allerdings gibt es in diesen Bereichen vergleichsweise wenig originäre nanotechnologische Entwicklungen. Vielmehr werden verstärkt nanoskalige Materialien und insbesondere Oberflächenfunktionalisierungen eingesetzt, um Verfahrensabläufe und Produkte zu optimieren, wobei Nanotechnologie hier eine reine Zulieferfunktion hat. Einen laufenden, aktuellen Überblick über die vielseitigen Beiträge, die Nanotechnologie hier leisten kann, findet man unter www.chemlin.de/chemie/nanotechnologie.

B. Studien- und Weiterbildungsinformationen

Als Schlüssel- und Querschnittstechnologie des 21. Jahrhunderts mit stark wachsender wirtschaftlicher Relevanz bietet die Nanotechnologie weltweit auf allen Ebenen eine stark wachsende Zahl von Arbeitsmöglichkeiten.

Es ist zu erwarten, dass mittelfristig sogar ein Mangel an qualifizierten Arbeitskräften in bestimmten Bereichen eintreten könnte, der dann zu einem wettbewerbs- und standortbestimmenden Faktor wird. Das große Arbeitsmarktpotenzial der Nanotechnologie bringt konsequenterweise einen zunehmenden Bedarf an Aus- und Weiterbildungsmöglichkeiten mit sich. Da eine Hochschulausbildung in einer klassischen natur- oder ingenieurwissenschaftlichen Disziplin eine hervorragende Grundlage für eine Weiterbildung im Bereich der Nanotechnologie darstellt und da zunehmend viele Arbeitnehmer im Rahmen ihrer beruflichen Praxis mit Fragen der Nanotechnologie konfrontiert werden, besteht insbesondere ein wachsender Bedarf an qualifizierten Weiterbildungsmöglichkeiten auf Hochschulniveau.

Die Nanotechnologie, so wie sie sich heute darstellt, hat sich in wirtschaftlich relevanten Bereichen unter Nutzung von Ergebnissen der Nanostrukturforschung und weiterer Gebiete entwickelt. Diese Entwicklung ist bis zum heutigen Tage Ergebnis der Tätigkeit von konventionell ausgebildeten Fachkräften auf allen Ebenen, da es bislang im Wesentlichen keine speziell ausgebildeten „Nanotechnologen" gibt. Es stellt sich damit *a priori* die Frage, ob überhaupt spezielle Ausbildungsmöglichkeiten im Bereich der Nanotechnologie geschaffen werden müssen.

In der Nanostrukturforschung, die gleichsam die Speerspitze der nanotechnologischen Entwicklung darstellt, ist von besonderer Bedeutung ein großes Maß an interdisziplinärer Aufgeschlossenheit der Forscher. Wesentliches entsteht hier vor allem zwischen den klassischen Disziplinen, was besonders im Bereich der Nanobiotechnologie deutlich wird (siehe Kapitel 5). Ein naturwissenschaftliches Studium inklusive einer Promotion vermittelt wesentliche Grundlagen des eigenständigen wissenschaftlichen Arbeitens in experimenteller oder theoretischer Hinsicht und bildet eine hervorragende Grundlage für Forschungsarbeiten im Bereich der Nanotechnologie, wenn im Rahmen der Wahlfachausbildung sowie im Rahmen der Diplom-/Master-Arbeit und während der Promotion nanotechnologisch relevante Gebiete bearbeitet werden. Eine frühzeitige, ausschließliche Beschränkung des Studiums auf die Nanotechnologie, etwa in Form eines eigenständigen Studiengangs, birgt die Gefahr, dass wesentliche Stärken der klassischen naturwissenschaftlichen Ausbildung im Rahmen des Studiums nicht vermittelt werden können. Für eine Forschungstätigkeit, auch im Bereich der Nanotechnologie, ist daher ein naturwissenschaftliches Studium empfehlenswert.

Anders sieht es aus im Hinblick auf eine spätere Tätigkeit im Bereich der industriellen Nanotechnologie. Hier ist es häufig von Bedeutung, ein breites Wissen über Anwendungen der Nanotechnologie und relevante

Herstellungs- und Verfahrenstechniken zu besitzen und dieses Wissen im Rahmen der konkreten Problemlösungsaufgaben punktuell kontinuierlich weiterzuentwickeln. Dabei können spezielle Studiengänge und auch Weiterqualifizierungsstudiengänge die ideale Grundlage sein. Da die weitaus meisten Arbeitsplätze, die in direkter oder indirekter Verbindung zur Nanotechnologie entstehen, in der industriellen Umsetzung und nicht in der Grundlagenforschung angesiedelt sind, gibt es ein wachsendes Angebot an Studiengängen und Weiterbildungsmöglichkeiten im Bereich der Nanotechnologie (www.studieren.de). Derzeit bieten vier Universitäten und zwei Fachhochschulen in Deutschland spezielle Studiengänge zur Nanotechnologie an.

Der Studiengang „Mikro- und Nanostrukturen" an der Universität des Saarlandes besteht bereits seit einigen Jahren und die ersten Studierenden befinden sich im Hauptstudium. Der Studiengang ist thematisch angesiedelt zwischen den Disziplinen Mechatronik und Physik und vermittelt ingenieurwissenschaftliches und naturwissenschaftliches Grundlagenwissen. Im Rahmen des Hauptstudiums kann man sich eher in Richtung der Anwendungen oder der physikalischen Grundlagen orientieren. Entsprechend schließt der Studiengang entweder mit dem akademischen Grad Dipl.-Ing. oder Dipl.-Phys. nach zehn Semestern Regelstudienzeit ab. Zukünftig wird das Diplom durch die Abschlüsse Bachelor/Master abgelöst. Weitere Informationen sind verfügbar unter www.uni-saarland.de/fak7/physik/.

Der Studiengang „Nanomolecular Science" wird von der International University Bremen angeboten. Der dreisemestrige Aufbaustudiengang zielt auf eine breite Ausbildung in Standardbereichen der Nanotechnologie ab und kann als Grundlage für einen Master-of-Science-Grad verwendet werden. Weitere Informationen erhält man unter www.iu-bremen.de/nanomol/.

Ein Studiengang „Nanostrukturtechnik" wird von der Universität Würzburg angeboten. Ziel des ingenieurwissenschaftlichen Studiengangs ist die Ausbildung von Diplomingenieuren mit speziellen Kenntnissen zu Nanostrukturmaterialien und Nanostrukturierungstechnologien sowie zur Herstellung und Analyse von Bauelementen und Systemen auf der Basis ultrakleiner Strukturen. Der Studiengang basiert auf einem viersemestrigen Grundstudium, in dem die natur- und ingenieurwissenschaftlichen Grundlagen vermittelt werden. Im Hauptstudium liegt das Schwergewicht der Lehrveranstaltungen bei ingenieurwissenschaftlichen Wahlpflicht- und Wahlfächern, die in Veranstaltungszyklen zu Nanostrukturmaterialien, Nanostrukturierungstechniken sowie zu Bauelementen und Systemen und in die Bereiche Energietechnik, Nano- und Optoelektronik und biomedizinische Technik untergliedert sind. Parallel dazu werden wirtschafts- und rechtswissenschaftliche Veranstaltungen angeboten und naturwissenschaftliche Bereiche weiter vertieft. Umfangreiche Informationen zu dem Studiengang erhält man unter www.physik.uni-wuerzburg.de/nano.

Ein Studiengang mit der Bezeichnung „Nanostrukturwissenschaft" wird seit kurzem von der Universität Kassel angeboten. Der Studiengang umfasst ebenfalls eine Regelstudienzeit von zehn Semestern und ist zulassungsbeschränkt. Die Studierenden sollen sich solide theoretische und praktische Kenntnisse in den naturwissenschaftlichen Disziplinen mit strikter Ausrichtung auf die erforderlichen Grundlagen in den Nanostrukturwissenschaften aneignen. Es wird Wert gelegt auf den Erwerb von Kompetenzen im Umgang mit zukunftsträchtigen Hochtechnologien. Die für ein interdisziplinär ausgerichtetes Studium notwendigen integrativen Fähigkeiten sollen erworben und gefördert werden. Der Studiengang schließt mit einem Diplom ab. Detaillierte Informationen sind verfügbar unter www.uni-kassel.de/zsb/nanowiss.pdf.

Die Fachhochschule Südwestfalen bietet den Studiengang „Bio- und Nanotechnologie" an. Es handelt sich dabei um einen Kombinationsstudiengang, der die Schlüsseltechnologien Biotechnologie, Technischer Umweltschutz sowie Oberflächen- und Nanotechnologie in einem interdisziplinären naturwissenschaftlichen Ansatz zusammenfasst. Der Studiengang richtet sich an Studierende, die Interesse an biologischen und chemischen Fragestellungen haben. In den ersten drei Semestern stehen Grundlagenfächer auf dem Programm. Im daran anschließenden Hauptstudium werden die Kenntnisse in verschiedenen Anwendungsgebieten vertieft und erweitert. Dabei besteht die Möglichkeit zur Spezialisierung durch Auswahl alternativer Lehreinheiten (Biotechnologie, Technischer Umweltschutz, Oberflächen- und Nanotechnologie). Derzeit schließt das Studium mit einem Diplom ab. Weitere Informationen sind verfügbar unter www3.fh-swf.de/studieninteressierte/bionano.htm.

Ein weiterer Fachhochschulstudiengang mit der Bezeichnung „Mikro- und Nanotechnik" wird an der Fachhochschule München angeboten. Das Studium mit einem Abschluss nach dem internationalen Standard ist interdisziplinär angelegt und verbindet Elektro- und Informationstechnik, Maschinenbau, Fahrzeugtechnik, Feinwerk- und Werkstofftechnik sowie Physik, Chemie und Biologie. Es wendet sich an alle Interessenten, die entweder einen Bachelor- oder einen Diplomabschluss in einem naturwissenschaftlichen oder ingenieurtechnischen Fach besitzen. Ausführliche Informationen findet man unter www.fb06.fh-muenchen.de/fb/studinfo/studiengaenge/flyer/mikro_nanotechnik.pdf.

Ein berufsbegleitendes Weiterbildungsangebot im Bereich Nanotechnologie bietet die Steinbeis-Hochschule an (www.stw.de/k077/77908/

77908.htm). In verschiedenen Technologieseminaren werden nanotechnologische Themenbereiche modular und eingebettet in ein technologisches Gesamtumfeld behandelt. Ein berufsbegleitender Studiengang zur Nanobiotechnologie ist derzeit in Vorbereitung.

In anderen Ländern Europas sowie anderen Teilen der Welt sehen die Studienangebote ähnlich aus wie in Deutschland, und insbesondere in den USA gibt es eine sehr große Auswahl an mehr oder weniger stark spezialisierten Studiengängen zur Nanotechnologie. In Anbetracht der fortschreitenden Vereinheitlichung von erwarteten Studienleistungen und akademischen Abschlüssen erscheint im Bereich der Nanotechnologie ein Wechsel zwischen verschiedenen Ausbildungsstätten zunehmend einfach möglich zu sein.

Abgesehen von der Hochschulausbildung werden zwar derzeit bestimmte Lehrberufe im Bereich der Nanotechnologie – beispielsweise im Laborantenbereich – diskutiert, in Anbetracht der kontroversen Meinungen dazu ist jedoch nicht absehbar, inwieweit sich hier spezielle nanotechnologische Ausbildungen auf Dauer etablieren können. Ein allgemeiner Überblick über laufende Aus- und Weiterbildungsmöglichkeiten kann unter infobub.arbeitsagentur.de/kurs/index.jsp für das Bildungsziel „Nanotechnologie" abgefragt werden.

Index